中国核应急救援队理论培训系列教材

核电技术及发展

于　涛／主编

中国环境出版集团·北京

图书在版编目（CIP）数据

核电技术及发展/于涛主编. —北京：中国环境出版集团，2021.9

中国核应急救援队理论培训系列教材 / 蒋志刚，王百荣主编

ISBN 978-7-5111-4770-7

Ⅰ. ①核… Ⅱ. ①于… Ⅲ. ①核电厂—工程技术—中国—教材 Ⅳ. ①TM623

中国版本图书馆 CIP 数据核字（2021）第 122468 号

出 版 人 武德凯
责任编辑 田 怡
责任校对 任 丽
封面设计 彭 杉

出版发行 中国环境出版集团
（100062 北京市东城区广渠门内大街 16 号）
网 址：http：//www.cesp.com.cn
电子邮箱：bjg1@cesp.com.cn
联系电话：010-67112765（编辑管理部）
发行热线：010-67125803，010-67113405（传真）

印　　刷 北京中科印刷有限公司
经　　销 各地新华书店
版　　次 2021 年 9 月第 1 版
印　　次 2021 年 9 月第 1 次印刷
开　　本 710×1000 1/16
印　　张 12.5
字　　数 173 千字
定　　价 100.00 元

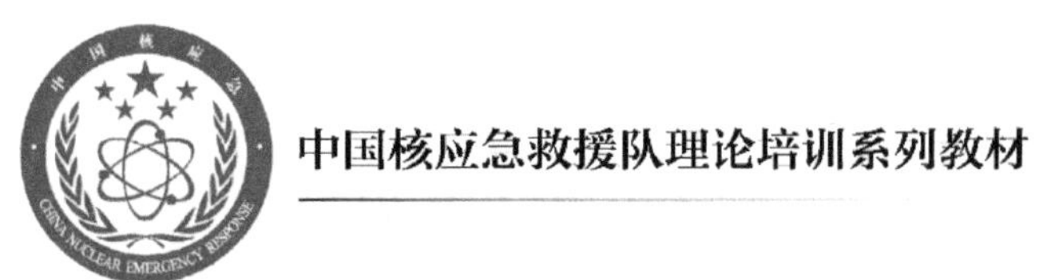

编审委员会

《核电技术及发展》

编写人员

主　　编：于　涛

编写人员：夏　羿　邓年彪　倪梓宁　雷济充

总 序

原子的发现和核能的开发利用给人类社会发展带来了新的动力，极大地增强了人类认识世界和改造世界的能力。核能的发展伴随着核安全风险和挑战。人类要更好地利用核能、实现更大的发展，必须创新核技术、确保核安全、做好核应急。核安全是核能事业持续健康发展的生命线，核应急是核能事业持续、健康发展的重要保障。

我国始终把核安全放在核能事业的首要位置，坚持总体国家安全观，倡导理性、协调、并进的核安全观，秉持为发展求安全、以安全促发展的理念，始终追求发展和安全两个目标的有机融合。我国核电机组运行业绩良好，迄今未发生国际核事件分级表（INES）2 级及以上的运行事件，运行指标普遍处于世界核电运营者协会（WANO）中值以上，核设施周边环境辐射水平处于正常范围，核电厂的核辐射安全处于受控状态。即便如此，核事故影响无国界，核应急管理无小事。我国作为负责任的大国，在总结三里岛核事故、切尔诺贝利核事故、福岛核事故教训的基础上，更加深刻地认识到核应急的极端重要性，持续加强和改进核应急准备与响应工作，不断提升核安全保障水平。2016 年 5 月，中国核应急救援队正式成立。作为国家核应急力量的重要组成部分，中国核应急救援队主要承担复杂条件下核电厂重特大核事故的抢险救援和紧急处置任务，以支援核电厂有效遏制事故、封控污染源头、减轻危害后果及搜救场内人员为主要目标，为核电厂营运单位和涉核集团、公司的救援力量提供强有力的支援；同时兼顾承担军地其他核设施、核装备发生重特大核事故及核恐怖袭击事件的应急处置和救援任务，并可参与国际核应急救援行动。

为了提高中国核应急救援队完成任务的能力，我国配套建立了救援队训练基地，包括理论教学训练基地、操作技能训练基地、事故场景模拟训练基地。其中，理论教学训练基地依托陆军防化学院，主要承担救援队骨干力量理论培训、局域网桌面推演以及国际交流等任务，同时担负国家赋予的其他培训任务。依据《中国核应急救援队理论教学基地教学大纲》，我们组织编写了核应急救援队理论培训系列教材。主要包括：

- 核应急辐射防护
- 核电技术及发展
- 核电厂安全与事故分析
- 核应急准备
- 核应急指挥
- 核事故后果评价与辅助决策
- 核应急辐射监测
- 核应急放射性去污
- 核应急医学救援
- 核事故应急案例分析
- 严重核电事故情景库
- 核应急演习

核应急救援队理论培训系列教材涉及核应急辐射防护、核电技术及发展、核电厂安全与事故分析、核应急准备等相关核应急专业基础知识，核应急指挥、核事故后果评价与辅助决策、核应急辐射监测、核应急放射性去污和核应急医学救援等核应急专业知识，以及核事故应急案例分析、严重核事故情景库、核应急演习等核应急综合应用的内容。本系列教材的编写目的是培养掌握核应急相关基础理论和核应急行动专业知识，具备良好核应急文化素养，能够胜任中国核应急救援队岗位的核应急骨干人才。

本系列教材既是中国核应急救援队理论培训教材，也可供核应急工作者参考。

由于时间仓促，涉及的内容广，加之编委会实践经验和认知水平有限，难免有错误或不当之处，衷心盼望有关专家和广大读者不吝赐教，提出宝贵意见，以便改正。

“中国核应急救援队理论培训系列教材”编委会

2021 年 6 月

前 言

《核电技术及发展》是中国核应急救援队理论培训教材的重要组成部分，是核应急人员必备的专业基础和专业知识，本教材共分为五章：

第 1 章 核电技术发展概述。主要介绍核能发电的历程，核能是安全、清洁、经济的能源，以及核能发展面临的机遇与挑战，使参与培训者对核能发电有一个初步的概念。

第 2 章 压水堆核电厂。主要以二代核电站为典型介绍了压水堆核电厂的总体情况，是本书重点章节。本章从核岛和常规岛两个层面，阐述了一回路冷却剂系统、专设安全设施、核岛主要辅助系统、二回路蒸汽系统等主要的系统设备，使参与培训者能了解核能发电的能量转换过程以及系统设备的功能特点。

第 3 章 重水堆核电厂。主要介绍国内外重水堆发展现状、重水堆核电厂发电原理，并对重水堆的特点和优劣势进行了分析，使参与培训者对重水堆核电厂具有基本认知。

第 4 章 先进轻水堆核电厂。主要介绍国内外三代大型先进轻水堆设计原理及发展过程，对“华龙一号”（HPR1000）、“国和一号”（CAP1400）以及 AP1000、CAP1000、EPR、VVER-1200 等现有的三代先进核电站进行了介绍，并对三代先进轻水反应堆的性能进行了比较分析。

第 5 章 先进核能技术。针对裂变核能可持续发展需求，对 6 种四代核电堆型以及小型模块化堆和加速器驱动次临界反应堆（ADS）的原理以及特点进行了简略介绍，并对先进核能技术的发展进行了展望，使参与培训者对未来核能发展有一个初步的了解。

考虑到培训对象层次不同，基础差别巨大。培训过程可根据培训层次的具体特点，合理取舍培训内容。《核电技术及发展》教材既是中国核应急救援队理论培训教材，也是其他相关培训和核应急工作者的参考书，亦可用于相关专业本科和研究生教学参考。

本教材由南华大学于涛主编，夏羿、邓年彪、倪梓宁、雷济充等同志参加编写。由于时间紧迫和编者水平有限，书中难免有不妥之处，诚望广大读者提出宝贵意见，以便再版时加以修正。

如无特别说明本书所述核电技术是指裂变核能技术。

编者

2021 年 9 月

目 录

第 1 章　核电技术发展概述 …… 1

1.1　核能发电发展历程 …… 1

1.2　核电是安全、清洁、经济的能源 …… 15

1.3　核电是能源战略的重要选择 …… 20

第 2 章　压水堆核电厂 …… 30

2.1　概述 …… 30

2.2　核电厂总体布置 …… 33

2.3　主要厂房设施 …… 40

2.4　一回路冷却剂系统和设备 …… 44

2.5　专设安全设施 …… 70

2.6　反应堆核岛主要辅助系统 …… 72

2.7　反应堆二回路蒸汽系统与设备 …… 75

第 3 章　重水堆核电厂 …… 82

3.1　重水反应堆简介 …… 82

3.2　国内外重水堆发展现状 …… 85

3.3　重水堆的特点和优劣势 …… 91

第 4 章　先进轻水堆核电厂 …… 98

4.1　先进轻水堆概述 …… 98

4.2 AP1000、CAP1000 和 CAP1400 …… 101
4.3 “华龙一号”（HPR1000） …… 112
4.4 其他先进轻水堆 …… 128

第 5 章 先进核能技术 …… 132

5.1 第四代核能系统 …… 132
5.2 小型模块化堆 …… 162
5.3 加速器驱动次临界系统 ADS …… 167
5.4 我国核能发展技术 …… 173

参考文献 …… 179

附录 核电技术及发展相关名词术语英文缩写 …… 182

第 1 章　核电技术发展概述

1.1　核能发电发展历程

1.1.1　核能发电历史概述

裂变核能发电是利用核反应堆中核裂变所释放出的热能进行发电的方式，它与火力发电不同之处在于，其是以核反应堆及蒸汽发生器来代替火力发电的锅炉，以核裂变能代替矿物燃料的化学能。除沸水堆外，核反应堆都是通过核反应堆堆芯加热一回路的冷却剂，在蒸汽发生器中将热量传给二回路或三回路的水，使之转化为饱和蒸汽推动汽轮发电机。沸水堆则是一回路的冷却剂通过核反应堆堆芯加热变成 70 个大气压[①]左右的饱和蒸汽，经汽水分离并干燥后直接推动汽轮发电机。

世界上第一个核反应堆——芝加哥 1 号(CP-1)由美国科学家费米于 1942 年 12 月 2 日在芝加哥大学网球场建立并启动。这是一座以天然铀为燃料、石墨为慢化剂的实验性反应堆，如图 1.1 所示。人类第一次实现了人工可控的链式裂变反应，从此人类控制了原子核内部的巨大能量，原子能时代正式到来。

我国第一座反应堆为 101 重水研究堆（HWRR），1958 年 6 月 13 日首次达到临界。这个过程分为 3 个阶段：1958—1978 年，为第一阶段，以吸收、消化、改进和安全运行为主要任务；1978 年年底至 1982 年，为反应堆改建阶段，完成了更换堆芯、改造重水系统、更新热工等任务；2007 年年底，101 重水研究堆经过近 50 年的安全运行后永久停闭，进入安全关闭期等待退役。图 1.2 为 101 重水研究堆本体结构。

---

① 1 大气压=10^5 Pa。

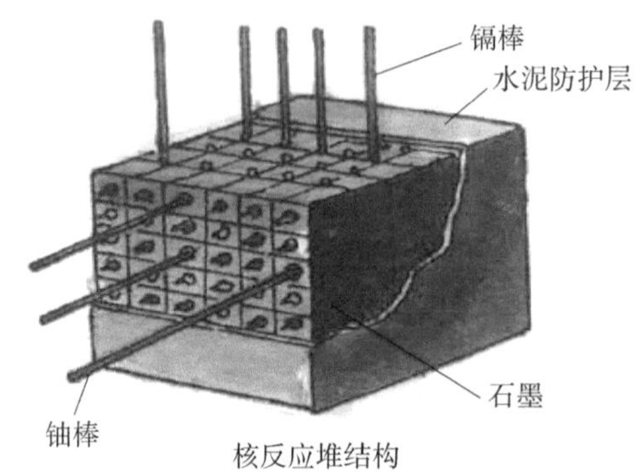

图 1.1　世界上第一座核反应堆——芝加哥 1 号

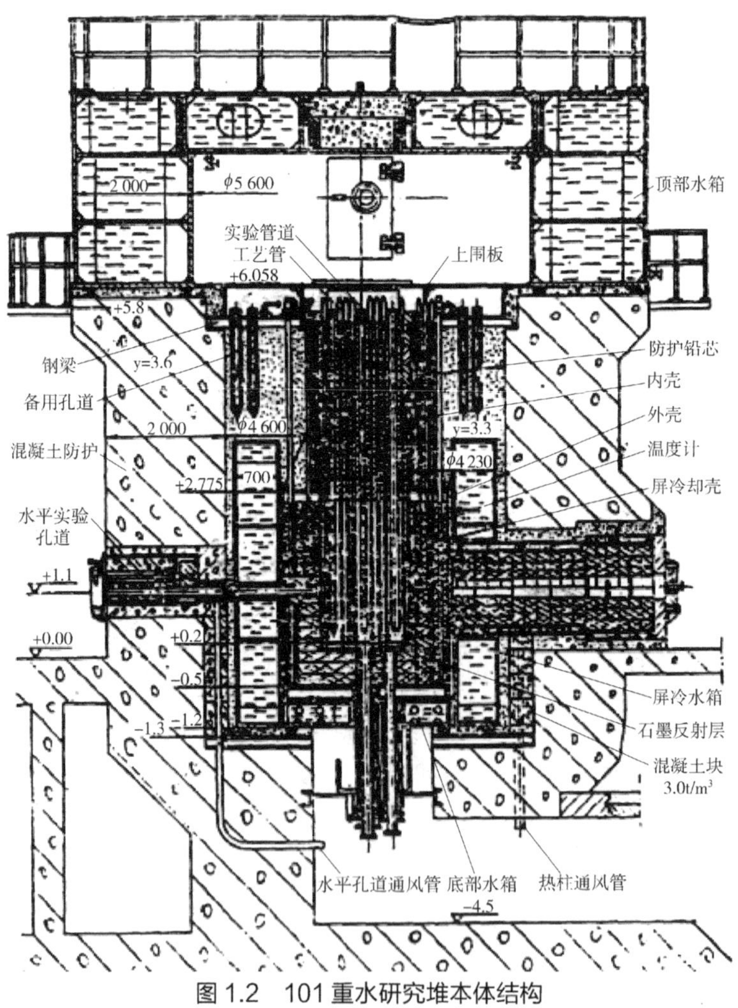

图 1.2　101 重水研究堆本体结构

1954 年苏联建成了世界上第一座核电厂——奥布宁斯克核电厂，如图 1.3 所示。从世界第一座核电厂建成至今，核电已有 60 多年的历史。在第二次世界大战后，特别是在 20 世纪 60 年代石油危机后，核电以其良好的经济性和安全性，取得了迅速发展。1966—1980 年，世界上共有 242 台核电机组投入运行，核电迎来了高速发展时期。在此期间，美国相继建成 500～1 100 MW 级压水堆（PWR）、沸水堆（BWR）核电厂；苏联相继建成 1 000 MW 级石墨水冷堆和 400 MW、1 000 MW 级 VVER 型压水堆核电厂；法国、日本在引进、消化、吸收美国压水堆、沸水堆技术的基础上，其国内的核电均取得了较大发展。期间法国的核能发电量增加了 20.4 倍，占国内总发电量的比例从 3.7%上升到 40%以上；日本的核能发电量增加了 21.8 倍，比例从 1.3%上升到 20%。

图 1.3　世界上第一座核电厂——奥布宁斯克核电厂

我国第一个自行设计、建造和运营管理的核电厂是秦山一期核电站（图 1.4），地处浙江省嘉兴市海盐县，1985 年 3 月 20 日开工，1991 年 12 月 15 日并网发电。秦山核电站的建成发电，结束了中国无核电的历史，实现了零的突破，标志着中国核电从这里起步，秦山核电站同时被誉为“国之光荣”。

图 1.4　秦山一期核电站

1.1.2　第一代核能系统

第一代核能系统是 20 世纪 50—70 年代，由美国、苏联、法国、英国等国家设计、开发、建造的首批原型堆，用于发电或生产裂变材料。

第一代核能系统开发核电厂，主要用于验证核能发电的可行性。例如：

1954 年，苏联在莫斯科附近奥布宁斯克建成第一座压力管式实验性石墨水冷堆核电厂，机组电功率为 5 MW；

1956 年，英国建成第一座产钚、发电两用的石墨气冷核电厂——卡德霍尔核电厂，机组电功率为 92 MW；

1957 年，美国建成第一座压水堆核电厂——希平港原型核电厂，机组电功率为 90 MW；

1960 年，美国建成第一座商用沸水堆核电厂——德累斯顿核电厂，机组电功率为 200 MW；

1966 年，加拿大建成第一座重水堆（CANDU）示范核电厂——道格拉斯角核电厂，机组电功率为 200 MW。

这一类核电厂具有以下共同点：①建造于核电发展的早期，具有试验堆（原型堆）的性质，堆型众多；②设计比较粗糙，结构松散，机组发电容量不大（50～200 MW）；③设计中没有系统、规范、科学的安全标准作为指导和准则，存在一定的安全隐患；④经济性较差，发电成本较高。目前，第一代核电机组基本已经退出了历史舞台。

1.1.3　第二代核能系统

20 世纪 70 年代，因石油涨价引发的能源危机促进了核电的发展，各国先后建成了 400 多个第二代核电厂。第一代核电厂与第二代核电厂是难以严格划分的，目前按照时间进行划分的方式只是一种相对的概念。第二代核电厂在技术上是部分第一代核电厂的传承与改进，它既沿用了第一代核电厂的堆型（如 PWR、BWR、CANDU），也与现在的第三代核电厂的设计概念有交叉。特别是三里岛核事故、切尔诺贝利核事故发生后，很多第二代核电厂设计时在部分技术上已进行了不少本质上的改进，考虑了许多严重事故的对策，也引入了一些非能动安全设计。

第二代核电厂采用的堆型主要有压水堆（PWR）、沸水堆（BWR）、加拿大天然铀重水堆（CANDU）、石墨水冷堆（LGR）、改进型气冷堆（AGR）等。由于切尔诺贝利核事故的发生，俄罗斯、乌克兰等国家关闭了一批同堆型的 LGR 机组，并决定停止再建此堆型的核电厂。由于 AGR 的经济竞争力差，英国也停止了该堆型的发展。目前运行和在建的第二代核电厂中最主要的堆型为 PWR、BWR 和 CANDU 系列，分别占世界总机组数的 65%、23%和 6%。

第二代核电厂的主要共同点：

（1）设计、建造、运行符合较完备的核安全法规和标准，安全性较好。

（2）对于安全性的设计主要采用确定论分析方法，考虑设计基准事故。

（3）具有较大的单堆功率（400～1 000 MW），经济性较好。

表 1.1 给出了第二代核电厂主要堆型的基本特征，图 1.5 给出了压水堆核电厂示意图。

表 1.1 核电厂主要堆型的基本特征

堆型	中子谱	慢化剂	冷却剂	燃料形态	燃料富集度
压水堆	热中子	轻水	轻水	二氧化铀	2%～5%
沸水堆					
重水堆		重水	重水、轻水、气体或有机物		天然铀或稍加浓铀（≤4%）

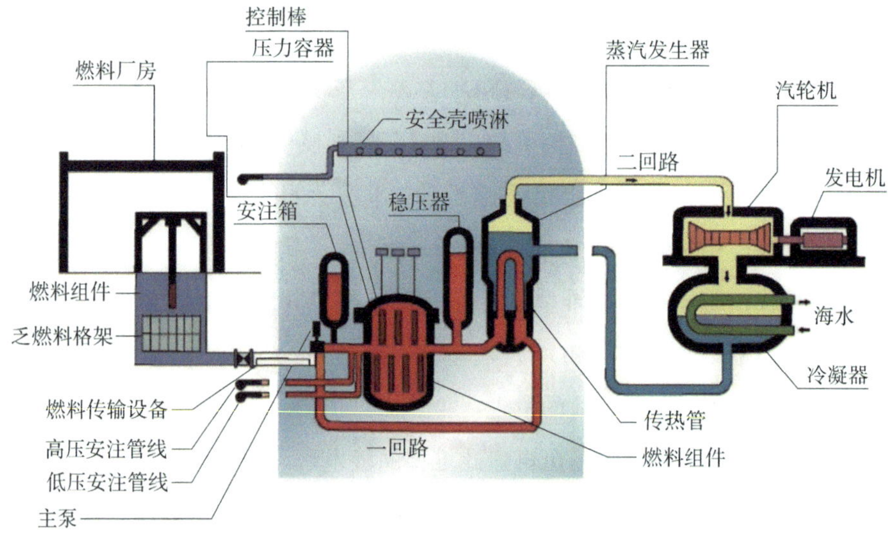

图 1.5 压水堆核电厂示意

我国在役核电厂多为二代和二代改进型核电厂。

1.1.4 第三代核能系统

在世界核电的发展过程中，1979 年 3 月 28 日美国发生的三里岛核电厂二号机组（TMI-2）核事故、1986 年 4 月 26 日苏联发生的切尔诺贝利核电站四号机组（Chernobyl-4）核事故，以及 2011 年 3 月 11 日日本发生的福岛核事故都暴露了第二代核电厂设计中存在的一些根本性弱点。早在 20 世纪 80 年代中期，美国电力研究所（EPRI）在美国能源部（DOE）和美国核管理委员会（NRC）的支持下，就开始了先进轻水堆（ALWR）研究计划，1986 年，NRC 发布先进电厂管理政策，对先进堆的基本特征给予阐述。1990 年，EPRI 公布了《适用于先进轻水堆核电厂设计的用户要求文件》（ALWR URD，简称 URD）。欧共体国家也制定了类似的文件，称为《欧洲用户要求文件》（EUR）。URD 文件和 EUR 文件中所提出的先进轻水堆主要包含两类：①改进型先进轻水堆；②非能动先进轻水堆。现在，人们通常把反应堆符合 URD 或 EUR 要求的核电厂称作先进堆核电厂或第三代核电厂。

URD 或 EUR 文件要求第三代核电厂具有更高的安全性与更好的经济性。在安全性方面要求放射性物质大量释放概率小于10^{-6}/（堆·a）；堆芯熔化概率小于10^{-5}/（堆·a）；具有预防和缓解严重事故的措施；热工安全裕量≥15%；在经济性方面要求具有更大的单堆电功率（1 000～1 500 MW）；电价能与联合循环的天然气电厂相竞争；具有更长的寿命（60 a）；具有更短的建设周期（＜54 个月）；具有更高的机组可利用率（≥87%）。

比较具有代表性的第三代核电厂主要有：法国 AREVA 公司开发的欧洲压水堆 EPR、美国 Westing House 公司开发的 AP1000 先进非能动压水堆、日本三菱公司开发的先进压水堆 APWR、韩国电力工程公司开发的 APR1400、我国具有自主知识产权的“华龙一号”（HPR1000）和“国和一号”（CAP1400）核电站。

其中“华龙一号”是为满足国际社会、中国政府部门和社会公众对核安全提出的更高要求和期望，实施核电“走出去”国家战略，在国家能源局主导下，中核集团 ACP 1000 技术和中广核集团 ACPR 1000+技术融合形成的具有完整自主知识产权的第三代核电品牌。2013 年“华龙一号”先后通过了中国核能行业协会组织的初步设计审查、国家能源局组织的总体技术方案评审。2014 年 11 月，中国国家能源局复函同意福清核电站 5 号、6 号机组工程调整为“华龙一号”技术方案。2014 年 12 月，ACP1000 通过了国际原子能机构（IAEA）历时一年的反应堆通用设计审查（GRSR）。这是我国自主三代核电技术首次面向国际同行审查，专家认为 ACP1000 在设计安全方面是成熟可靠的，满足 IAEA 关于先进核电技术的最新设计安全要求；其在成熟技术和详细试验验证基础上进行的创新设计是成熟可靠的。

2015 年 4 月，国务院常务会议决定核准建设“华龙一号”三代核电技术示范机组。5 月，“华龙一号”全球首堆示范工程——福清核电 5 号机组浇筑第一罐混凝土，正式开工建设。福清核电 5 号机组于 2017 年 5 月完成穹顶吊装，全面进入安装阶段；2019 年 4 月 28 日，机组冷态功能试验一次成功，标志着工程由安装阶段全面转入调试阶段；2020 年 9 月 10 日，机组顺利完成 177 组燃料组件装载，进入主系统带核调试阶段；2020 年 10 月 21 日，福清核电 5 号机组首次达到临界状态，11 月 27 日首次并网成功，2021 年 1 月 29 日完成 168 h 满功率连续运行考核，具备商业运行条件。

我国核电技术路线如图 1.6 所示。

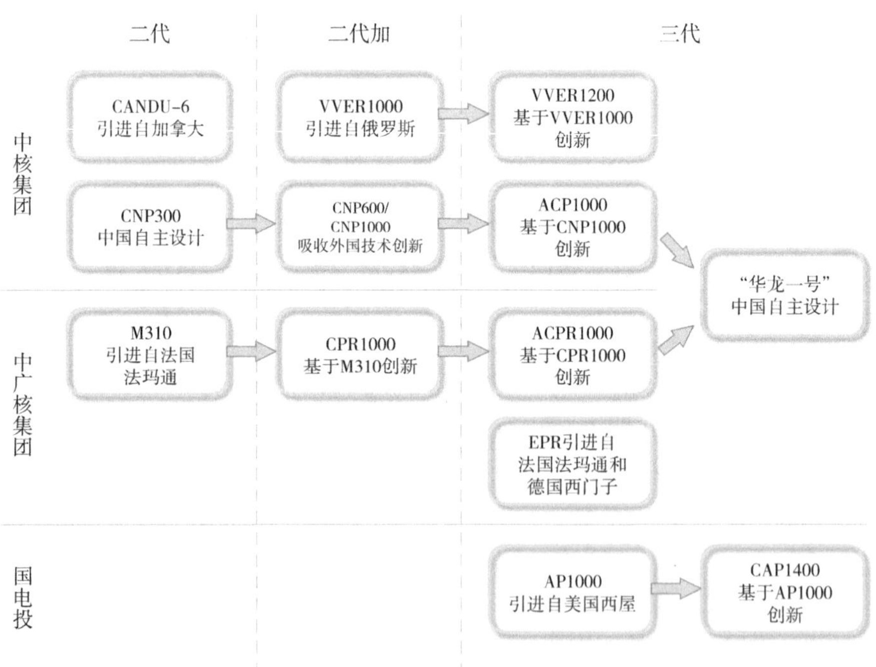

图 1.6　我国核电技术路线

“国和一号”（CAP1400）是中国 16 个重大科技专项之一，是中国核电技术研发和产业创新的最新成果，采用“非能动”安全设计理念，单机功率达到 150 万 kW，截至 2020 年是我国自主设计的最大功率的核电机组。2020 年 9 月 28 日，中国国家电力投资集团宣布，中国具有完全自主知识产权的三代核电技术“国和一号”完成研发。

1.1.5　第四代核能系统

第四代核能系统是未来新一代先进核能系统，无论是从反应堆还是燃料循环方面都将有重大的革新和发展。按照 URD 和 EUR 设定的目标，第三代核电厂在安全性方面与第二代核电厂相比有了更加长足的发展；同时由于单堆功率更大、安全系统更加简化，第三代核电厂在经济性方面也有所增强。但是，核电可持续发展面临的一些关键问题（如减少核废物量、防核扩散和核资源持续供应问题等），仍然无法单纯依靠第三代核电技术安全解决，这催生了第四代核电技术的发展。

2000 年 1 月，由美国能源署（EIA）发起第四代核能系统国际论坛（GIF），美国、阿根廷、巴西、加拿大、法国、日本、韩国、南非、英国共 9 个国家参加该论坛，讨论开发第四代核电技术的国际合作问题。2000 年 5 月，美国能源部（DOE）再次组织了近百名国内外专家研讨第四代核电的发展目标、基本特性和设计概念，并给出了第四代核电技术设想的研发进度。2002 年，GIF 给出了第四代核能技术优先发展的 6 种堆型，其中包括钠冷快堆（SFR）、铅冷快堆（LFR）、气冷快堆（GFR）、超高温气冷堆（VHTR）、超临界水冷堆（SCWR）和熔盐堆（MSR），图 1.7 是四代核能发展的历史进程。

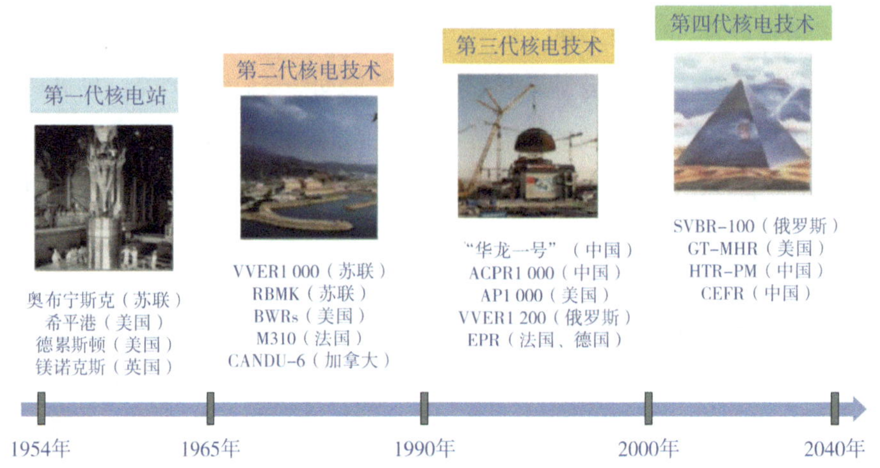

图 1.7　四代核能发展的历史进程

表 1.2 给出了 6 种第四代核电堆型的中子能谱与燃料循环策略，从表中可以看出，第四代核电堆型中快中子堆系统占据了绝大多数，燃料循环策略也以闭式循环方式为主，突出了裂变核能的可持续发展问题。这些设计的目的是大幅减少核废料、更充分利用铀资源、降低核电站建造和运营成本、防止放射性物质外泄。

表 1.2　第四代核电堆型的中子能谱与燃料循环策略

堆型	中子能谱	燃料循环策略
钠冷快堆（SFR）	快谱	闭式循环
铅冷快堆（LFR）	快谱	闭式循环
气冷快堆（GFR）	快谱	闭式循环
超高温气冷堆（VHTR）	热谱	一次通过
超临界水冷堆（SCWR）	快谱/热谱	闭式循环/一次通过
熔盐堆（MSR）	快谱/热谱	闭式循环

其中，快中子反应堆是由快中子产生链式裂变反应的反应堆，简称快

堆。快堆中没有慢化剂，迄今建成的商用快堆使用液态钠作冷却剂，故又称钠冷快堆。钠冷快堆是可实现核燃料增殖的堆型，由于燃料得到增殖，所以快堆全称为快中子增殖反应堆。

快堆有两大显著优势：一是可以将天然铀中占比为 99.3%的 U-238 转换成易裂变核素 Pu-239，大幅提高资源利用率。与传统的压水堆核电站相比，快堆的转换率大于 100%，真正做到核燃料越烧越多。快堆的乏燃料经后处理，钚可返回堆内再燃烧，多余的钚则装载至新的快堆，如此封闭并循环对铀资源的利用率可从单发展压水堆的 1%左右提高到 60%～70%。二是可以将压水堆产生的长寿命废物（主要是次锕系核素 MA、长寿命裂变产物 LLFP）嬗变掉，使得长寿命放射性废物对环境的影响年限从百万年量级降低到几百年，且需要最终处置的废物量也大大减少，一座快堆可以支持 5～10 座同功率压水堆产生的长寿命废物的嬗变。

按照我国核能发展“压水堆—快堆—聚变堆”三步走战略，我国的核能发展，继二代、二代加及三代核电技术之后，以快堆为代表的第四代核电技术将承担起核能发展的重任。压水堆、快堆与后处理厂匹配发展，形成核燃料闭式循环体系，可以充分利用铀资源，并实现核废物的最小化，从而保证核裂变能的大规模可持续发展。

我国在 20 世纪 60 年代中期就开始了钠冷快堆技术的研究，先后经历了基础技术研究、应用技术研究和实验快堆工程技术研究 3 个阶段。2010 年中核集团下属的中国原子能科学研究院建成了我国第一座钠冷快堆——中国实验快堆（China Experimental Fast Reactor，CEFR）并达到首次临界，2011 年实现了 40%功率并网发电 24 h 的既定工程目标。在完成数十项功率阶段试验研究后，于 2014 年年底实现了 100%功率运行 72 h 的工程设计目标。

我国在实验快堆设计、建造和试运行经验的基础上，首个示范快堆工程霞浦一号核电厂 CFR600（1 500 MW，600 MW）于 2017 年 7 月启动施工，计划 2023 年建成投产，实现工业示范，验证经济性，形成快堆标准规范，对我国加快构建先进核燃料闭式循环体系、促进核能可持续发展和快堆技术全面自主发展具有重要意义。快堆工程技术发展下一步是研发电功率为1 000 MW的大型高增殖商用快堆CFR1000，要求经济上具有竞争性，技术上可采用MOX燃料，也可采用金属燃料，满足大规模建造的需求。

高温气冷堆采用低浓铀或高浓铀加钍作核燃料，石墨作为慢化剂，氦气作为冷却剂，采用全陶瓷型包覆颗粒燃料元件，堆芯出口氦气温度可达到950℃，甚至更高。反应堆燃料装量少，转换比高，燃耗深，从利用核燃料上来说是一种较好的堆型。高温气冷堆充分利用高性能的燃料元件和大的负温度系数实现了反应堆的固有安全特性，排除了严重放射性事故发生的可能；其简化的系统、模块化的建造过程、较高的发电效率和不停堆换料运行方式的操作使得高温气冷堆具备较好的经济性，甚至可以和传统火电相竞争；高温气冷堆氦气冷却剂的出口温度可以高达950℃，除了可以用于高效发电，还可以提供高温工艺热，具备极好的宽用性。

在我国，由清华大学核能设计研究院设计、建造的国家“863”计划项目“10 MW高温实验堆”，于2003年1月实现并网发电，2009年12月实现72 h连续满功率运行，成为世界上首座投入运行的模块式球床高温气冷实验堆。

华能山东石岛湾核电站是我国目前在建的全球首座高温气冷堆核电站，2012年12月正式获得核准并开工建设，由中国核建、华能集团、清华大学按32.5%、47.5%、20%出资比例联合建设运营。石岛湾高温气冷堆示范工程以清华大学“10 MW高温气冷实验堆”为基础，具有自主知识产权，使示范工程设备国产化率达到93.4%，反应堆热功率500 MW，核电站电功率212 MW，主蒸汽温度566°C，主蒸汽压强13.25 MPa，发电效率可达40%～47%，未来采用氦气直接循环方式发电效率可达50%。2021年9月12日，华能石岛湾高温气冷堆核电站示范工程1号反应堆首次达到临界状态，机组正式开始带核功率运行。

超临界水堆（SCWR）是在现有水冷反应堆技术和超临界火电技术基础

上发展起来的革新设计。与运行的水冷堆相比，它具有系统简单、装置尺寸小、热效率高、经济性和安全性更好的特点。超临界水堆的概念最先是由美国西屋公司（Westinghouse）和通用电气（General Electric）在 20 世纪 50 年代提出的，美国和苏联于 20 世纪 50 年代和 60 年代对 SCWR 做了初步研究。在 20 世纪 70 年代，阿贡国家实验室（ANL）对这一概念作了回顾总结。20 世纪 90 年代，日本东京大学的 Oka 教授重新提出超临界水堆这一概念，并且作了进一步的发展：一方面是提高热效率，从 33%～35%提高到 40%～45%；另一方面是降低反应堆运行成本，使每千瓦发电成本降低到 1 000 美元以下。SCWR 较好的经济性和安全性，重新引起了日本、美国、俄罗斯和欧盟等国家和地区的重视，各国纷纷开展合作，对 SCWR 进行各方面的相关研究。

2006 年 4 月，上海交通大学核科学与工程学院牵头，联合国内 7 家大学和研究院成立了“中国超临界水冷堆技术工作组”，积极开展超临界水冷堆技术的研发工作。在材料方面，中国核动力研究设计院已开展了超临界工况下水化学与金属腐蚀机理研究，其实验回路正在建设中；在堆芯设计方面，上海交通大学核科学与工程学院在评估现有堆芯组件的同时，积极开发新型组件，并在热工与核物理耦合的基础上进行组件参数的优化设计，提出自己的设计理念。2013 年年底，中国核动力研究设计院承担的“超临界水冷堆技术研发（第一阶段）”项目已通过了国防科工局的验收，项目提出了超临界水冷堆的总体技术路线。

熔盐堆（MSR）是核裂变反应堆的一种，其主冷却剂是一种熔融态的混合盐，它可以在高温下工作（可获得更高的热效率）时保持低蒸汽压，从而降低机械应力，提高安全性，并且比熔融钠冷却剂活性低。

20 世纪 60 年代，橡树岭国家实验室（ORNL）开展了熔盐堆（Molten-Salt Reactor Experiment, MSRE）研究，设计了一个 7.4 MW 热功率的试验堆，模拟固有安全超热钍增殖堆的中子“堆芯”，测试了铀和钚的熔盐燃料。橡树岭国家实验室在 1970—1976 年最终取得了如下研究成果：MSRE 设计

燃料为 $LiF-BeF_2-ThF_4-UF_4$（72-16-12-0.4），慢化剂为石墨，二次冷却剂为 $NaF-NaBF_4$，峰值工作温度为 705℃。

熔盐堆有以下几点优势：具有固有安全设计（被动组件带来的安全性以及大的负反应温度系数），使用供应充足的钍来增殖铀-233 燃料，更加清洁：裂变产物废料少 90%，处置时间缩短 99%，可以“燃烧”掉一些难处理的放射性废料（传统的固体燃料反应堆的超铀元素）；在小尺寸、2～8 MW 热功率或 1～3 MW 电功率时具有可行性（可以设计成潜艇或飞行器所需要的尺寸）；与传统的固体燃料核电站不同，可以在 60 s 内对负载变化作出反应。

2011 年，中国科学院启动了“未来先进核裂变能”战略性先导科技专项，计划用 20 年左右的时间，致力于研发第四代先进裂变反应堆核能系统，实现核燃料多元化、防止核扩散和核废料最小化等战略目标，钍基熔盐堆核能系统（Thorium Molten Salt Reactor，TMSR）作为其两大部署内容之一。表 1.3 为我国第四代核电堆技术信息汇总。

表 1.3　我国第四代核电堆技术信息汇总

项目	高温气冷堆	快堆	熔盐堆	超临界水冷堆
研究单位	清华大学、中核建集团、华能集团	中国核动力研究院	中科院上海应用物理研究所	中国核动力研究设计院、中科华核电技术研究院、上海交通大学
所属集团	中核建集团、华能集团	中核集团	中科院	中广核集团、中核集团
研发进度	山东石岛湾一号核电厂正在施工	中国实验堆正在运行，福建霞浦一号核电厂正在施工	实验室阶段	实验室阶段

1.2　核电是安全、清洁、经济的能源

1.2.1　核电是安全的能源

为了确保核电厂的安全，在现有核电厂的设计、建造和运行中贯彻了多道屏障、纵深防御的安全原则。纵深防御原则包含在放射性源项与人之间设置多道屏障，以及确保多道屏障有效的多级防御，这一原则体现在核电厂选址、设计、建造、调试、运行、事故处理和应急准备等各个环节中，以纵深防御为主要原则的 IAEA-NUSS 核安全标准系列文件在我国核安全法规体系（HAF 系列）中得到了全面的反映。核电厂的四道屏障和五层保护见图 1.8。

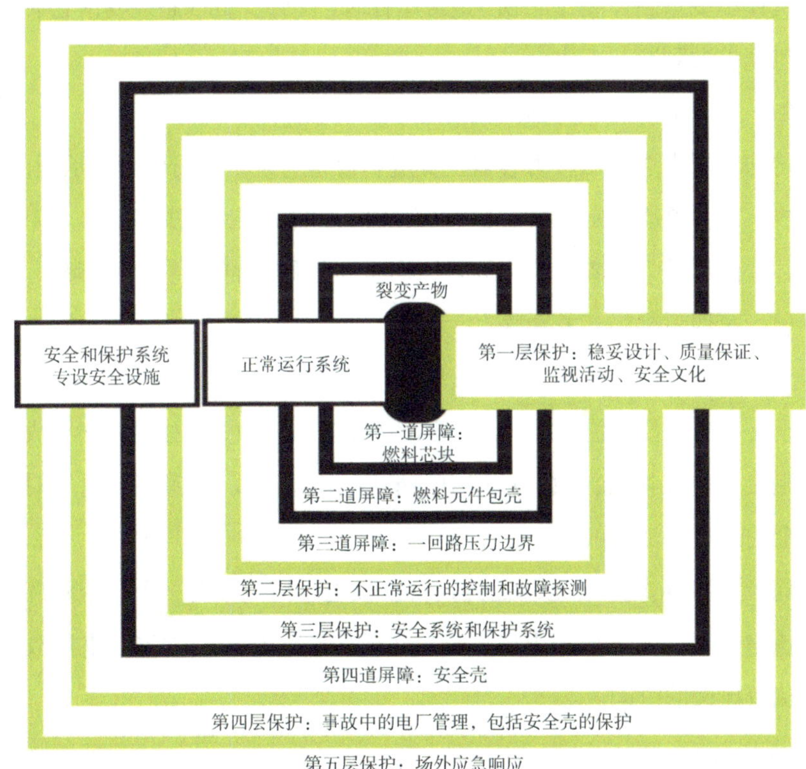

图 1.8　核电厂的四道屏障和五级防御

1.2.1.1 多道屏障

（1）第一道屏障：燃料芯块

目前的压水堆核电厂均采用烧结的 UO_2 陶瓷体燃料。裂变碎片的射程非常短，平均10^{-3} cm，绝大部分的裂变碎片都可以被包容在芯块当中；除气态裂变产物（如碘、氪、氙等）会从燃料芯块中逸出到芯块与包壳之间的气隙中外，绝大部分（98%以上）的裂变产物都被包容在燃料芯块当中，芯块构成了核电厂的第一道辐射防护屏障。

（2）第二道屏障：燃料元件包壳

压水堆的核燃料芯块叠装在锆合金包壳管内，两端用端塞密封，燃料芯块与包壳间留有间隙，上下端留有气腔，可容纳无法被燃料芯块包容的部分裂变气体和少量固体裂变产物。正常运行时，仅有少量气态裂变产物有可能穿过包壳扩散到冷却剂中。

（3）第三道屏障：一回路压力边界

一回路压力边界由压力容器、管道和设备（泵、阀门外壳等承压部件）等组成，其功能是将高温、高压、具有放射性的一回路冷却剂、堆芯密封在其中。一回路压力边界是防止放射性物质向外释放的一道重要屏障。

（4）第四道屏障：安全壳

安全壳即反应堆厂房。它将反应堆、冷却剂系统的主要设备（包括一些辅助设备）和主管道包容在内。当事故（如失水事故）发生时，它构成了核电厂阻止放射性物质释放到环境中的最后一道屏障，是确保核电厂周围居民安全的最后一道防线。

除了上述 4 道实体屏障之外，每个核电厂周围都有一个公众隔离区，同时核电厂厂址又与居民中心保持一定的距离，在万一发生严重事故时有足够疏散居民的时间。

1.2.1.2 纵深防御

将纵深防御的原则应用于各道实体屏障，采用多级防御措施提高每一道屏障的可靠性，包括五级相继深入而又相互支援的防御体系。纵深防御概念贯彻于与安全有关的全部活动，包括与组织、人员行为或设计有关的方面，以保证这些活动均置于重叠措施的防御之下，即使有一种故障发生，它将由适当的措施探测、补偿或纠正。在整个设计和运行中贯彻纵深防御原则，以便对由厂内设备故障或人员活动及厂外事件等引起的各种瞬变、预计运行事件及事故提供多层次的保护。

（1）第一级防御：核电厂的设计、建造应考虑防止事故的发生，采用各种有效措施，在运行中提供必要的监督，把事故发生的概率降到最低，以达到长期安全运行的目的。

（2）第二级防御：主要针对预期运行事件和假设始发事件导致的反应堆偏离正常运行工况或事故。它要求在满足第一级防御的各项要求的同时，必须谨慎估计发生事故、影响安全的可能性及其对策。

（3）第三级防御：这一级防御作为对前两级防御的补充，以提高核电厂的安全性为目标。它基于以下假定：尽管可能性极小，某些预计运行事件或假设始发事件的升级仍有可能未被前一级防御所制止，而演变成一种较严重的事件。这些不大可能的事件在核电厂设计基准中是可预计的，并且必须通过固有安全特性、故障安全设计、附加的设备和规程来控制这些事件的后果，使核电厂在这些事件后达到稳定的、可接受的状态。

（4）第四级防御：这一级防御主要是为了防止和缓解核电厂发生超出设计基准的严重事故，保证放射性物质释放量尽可能低。严重事故是指堆芯严重损毁和熔化，甚至安全壳的完整性遭到损坏的事故，它将导致放射性物质大量释放，是一种超设计基准事故。

（5）第五级防御：以核电厂发生严重事故后的应急策略为主要内容，目的是减轻可能由事故工况引起潜在的放射性物质释放而造成的放射性后果，保护公众。这方面要求建立具有适当装备的应急控制中心及制订厂内外应急响应计划。

核电厂设置了一系列措施，如纵深防御五道防线、阻止放射性物质释放的多道屏障、采用的多重保护、为限制事故后果而专门设置的各种安全系统（专设安全设施）、严密的质量保证体系、完善配套的核安全防护标准体系、核设施安全许可证制度等，完全可以有效地阻止放射性物质释放出来，从而保证核电厂的安全。即使有核事故发生，其风险也远远低于非核事故的风险。

1.2.2 核电是清洁的能源

核电厂不向外排放一氧化碳、二氧化硫、氮氧化物等有害气体和固体微粒，也不排放产生温室效应的二氧化碳。从发电角度来说，同样规模的核电厂与燃煤电厂相比，核电厂向环境释放的温室气体只有燃煤电厂的 1%。

燃煤电厂的煤渣及飘尘中含有铀、钍、镭、氡等天然放射性同位素，排放到环境中的放射性物质比同等规模的核电厂多几到几十倍。核电厂日常放射性废气和废液的排放量较小，周围居民由此受到的辐射剂量小于天然放射性本底的 1%。核电厂周围一年的辐射剂量比一次肺部透视或一次跨国飞行的剂量还要低。发生大量释放放射性物质的严重事故概率极小。表 1.4 为我国煤电、水电、核电温室气体排放系数对比表。表 1.5 为同等规模（1000 MW）的核电厂与燃煤电厂对环境影响的比较。

表 1.4　我国煤电、水电、核电温室气体排放系数对比

	煤电燃料链	水电燃料链	核电燃料链
温室气体排放系数/［g 等效二氧化碳/（kW・h）］	1 302.3	107.6	13.7

表 1.5　同等规模（1 000 MW）的核电厂与燃煤电厂对环境影响的比较

	周围居民受到辐射剂量/（Sv/a）	需要燃料	采矿面积/（hm^2/a）	二氧化硫排放量/（万 t/a）	氮氧化物排放量/（万 t/a）	烟灰排放量/（t/a）	二氧化碳排放量/（万 t/a）
燃煤电厂	0.048	300 万 t 煤	80.67	2.6	1.4	3 500	600
核电厂	0.018	30 t 核燃料	2～2.8	0	0	0	0

截至 2020 年年底，包括中国在内的全球 27 个国家或地区已经提出了

各自的碳中和目标，其中有 23 个国家（含欧盟）属于发达国家。核电已经成为可以实现低空气污染和低碳发电的能源，利用核电可以帮助各国实现可持续发展目标，优化能源结构，以及改善大气环境，发展核电对实现绿色低碳发展具有不可替代的作用。与发达国家核电在能源结构中的占比相比，我国核电发展空间较大，核电目前提供了全国约 4%的电力，到 2030 年，核电份额预计将上升至 10%。

1.2.3　核电是经济的能源

从燃料运输成本比较。按每年满功率运行 300 d 计算，一台 1 000 MW 压水堆核电机组每年约需补充 30 t 核燃料，燃料运输量小。而一台 1 000 MW 燃煤电机组每年约需消耗 300 万 t 原煤，平均每天要有 1 艘万吨轮，或 3 列 40 节的铁路货运列车运煤到厂，运输成本高。

从燃料成本比较。燃煤电厂和核电厂的运行维护费用相当，燃煤电厂的燃料费用占发电成本的 40%～60%，而核电厂的燃料费用只占发电成本的 23%～39%，所以燃煤电厂的发电成本受燃料价格的影响要比核电厂大得多。虽然核电厂的建设费用是燃煤电厂的 1.5～2 倍，但相比于建设费用，燃料费用是长期起作用的因素，所以折算到每度[①]电的发电成本，核电厂比燃煤电厂发电成本节约 15%～50%。

从计入发电外部成本的角度比较。核电在运营过程中已将废物处置和退役费用考虑在核电成本范畴之内。而煤电被允许排放到环境中的燃煤废物产生的环境成本，并没有包含在生产过程或消费过程产生污染的产品和服务的成本中，社会来承担的外部成本实际上是对煤电间接的隐形补贴。所以煤电与核电的外部成本差异并未反映在发电企业的发电总成本中，也没有在电价中反映出来。参照 2013 年国际碳交易价格（约 20 美元/t），对二氧化碳气体排放的外部成本进行测算，约折合 0.045 元/（kW · h）。同时考虑二氧化硫

[①] 1 度=1 kW · h。

排放的外部成本约 0.015 元/（kW・h）、氮氧化物排放的外部成本约 0.01 元/（kW・h），煤电的外部成本至少为 0.07 元/（kW・h）。若还考虑粉尘等污染物的排放，煤电外部成本要高于核电标杆电价 0.43 元/（kW・h）。

综上所述，核电是安全、清洁、经济的能源，是目前现实中有效、可大规模替代化石燃料的优质能源。在国际社会越来越重视全球气候变化、减少温室气体排放的形势和压力下，积极推进核电建设已是我国能源建设的一项重要政策，对于满足我国经济和社会发展不断增长的能源需求，保障能源安全供应，保护环境，实现电力工业结构优化和可持续发展，提升综合经济实力、工业技术水平和国际地位，都具有十分重要的意义。

1.3 核电是能源战略的重要选择

核能发电是能源战略的重要选择，是满足能源发展需要、解决环境污染问题、实现温室气体减排目标的重要途径。

安全发展核电对保障国家能源安全、保障电力供应、调整能源结构、保护生态环境、带动产业发展、促进科技进步和增强综合国力具有重要意义。

当前，国内外核电科技创新呈现出新的发展趋势，总体上朝着“更严格的安全标准、更智能的应用技术、更灵活的用户需求”方向发展，用户场景由单一的“电力供应”为主，向“清洁能源、综合利用、多功能化”等领域拓展，供应产品也由以“电”为主，向“热、电、水、汽、氢”等多用途方向延伸，并将增殖和嬗变的能力作为重要的衡量指标。

总体上，国内外核电技术是朝着“先进化、智能化、小型化、多功能化”的方向发展。

1.3.1 核能发电的发展动力

在全球低碳发展趋势下，掌握先进核能发电技术是一个国家核心竞争力的标志。发展具有自主知识产权的核能发电技术符合我国的国家安全和能源战略，其驱动力主要来自以下 4 个方面：

（1）国家能源安全的需要。发展核电是实现我国能源安全供应和供给侧结构改革的重要保证，实现能源结构的多元化和低碳化，是全球各国能源安全的战略选择。我国 60%以上的石油和 30%以上的天然气需要通过国际市场来供应，能源对外依存度居高不下。为实现能源结构多元化，需要降低对单一能源品种的依赖，各能源品种需要齐头并进。核电相较于水电、光伏发电和风电等能源，具有电力输出可控、受自然条件约束少等优点。发展三代核电可以为我国能源结构调整提供支撑。

（2）积极应对气候变化、兑现减排承诺和绿色低碳发展的重要选择。中国一直是全球应对气候变化事业的积极参与者。根据《巴黎协定》，中国承诺到 2030 年非化石能源占一次能源消费总量的比重达到 20%，核能是目前人类掌握的能量密度最高的能源获取方式，核能相比太阳能、风能、水能等可再生能源具有连续性好、土地占用少、材料消耗少、碳排放量少、温室气体排放量少等显著优点。作为绿色能源支柱，积极发展核电是我国的长期重大战略选择。

（3）提升国力的需要。面临复杂的国际形势，国际竞争日趋激烈。核工业一直是我国的战略性产业之一。作为民用核能事业的主体，核电是现代高科技密集的代表，其发展不但有助于大幅提升我国科技自主创新能力，扩大我国在核燃料循环、核电装备、核技术应用等高新技术领域的产业规模，同时还能有效带动其他高技术产业整体发展，促进传统产业的改造升级。积极推进核电建设、推动核电出口，是贯彻落实“创新、协调、绿色、开放、共享”五大新发展理念，推进“一带一路”倡议和“走出去”战略的良好实践，对于满足经济社会发展不断增长的能源需求，实现能源、经济和生态环境协调发展，提升我国国际影响力、综合经济实力和持续发展水平具有十分重要的意义。

（4）促进军民融合发展。核电是我国军民深度融合发展的重要领域。核电是国内民用核能技术的主要载体，通过技术的引进、消化、吸收和再创新，自主化核电可以在强军战略、军民融合、以民促军中扮演重要角色。以发展核电为契机促进核能领域军民融合发展，助力中华民族的伟大复兴和我国“两个一百年”奋斗目标的实现。

1.3.2 核能发电发展现状

1.3.2.1 全球核电发展现状

在装机容量方面，IAEA 最新统计数据显示，2019 年，全球核电总装机容量 443 GW，新增装机容量 5.5 GW；全球在建核电装机容量 60.5 GW，其中，经合组织国家、中国和俄罗斯在建核电装机容量占比分别为 40%、30%和 24%（图 1.9）。

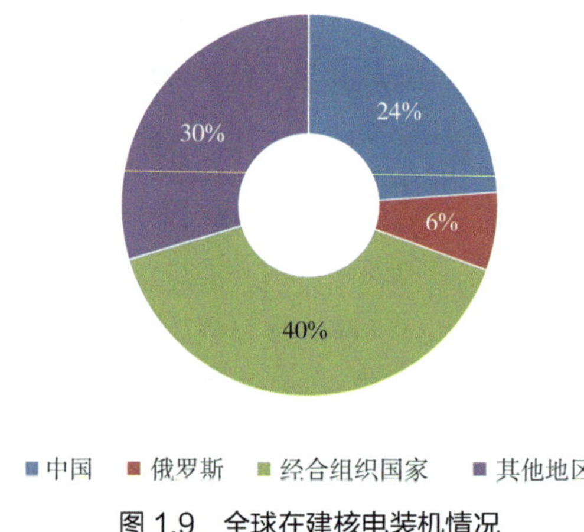

图 1.9 全球在建核电装机情况

具体到国家层面，美国核能发电量最高，为 789.9 TW · h，法国、中国、俄罗斯核能发电量紧随其后，分别为 379.5 TW · h、366.3 TW ·h、215.7 TW ·h。这 4 个国家的核能发电量约占全球核能发电量的 65%。2020 年，核能发电量在国内总发电量中占比超过 10%的国家共有 20 个，其中法国占比最高，达 70.6%；乌克兰次之，为 51.2%；斯洛伐克第三，为 37.8%。

从增长速度来看，2019 年，我国结束了三年来的“零核准”，年内获核准的山东荣成、福建漳州 1-2 号机组、广东太平岭 1-2 号机组采用了中国具有自主知识产权的“国和一号”或“华龙一号”三代核电技术，福建漳州一号机组已于 2019 年 10 月开工建设。

受全球新冠肺炎疫情影响，2020 年一季度全球核能发电量同比下降约 3%。IAEA 在其发布的《全球能源评估 2020》中指出，由于各国封锁政策的实施，年内全球电力需求将大幅减少 5%或以上，核电的需求也将随之下降。事实上，为防控疫情而采取的封锁隔离措施也对接近完工的核电机组建设进度造成了很大影响。同时，受整体电力需求下降、计划大修项目推迟及核电机组建设延期等因素影响，IAEA 预计，2020 年度全球核电需求将下降 2.5%。

在全球电力需求增速放缓、石油和天然气等化石燃料价格降低、可再生能源电力成本降低、技术迭代速度加快的大背景下，占据全球发电总量 10.4%的核电行业发展正面临多重挑战。尤其在 2011 年福岛核事故之后，对于核电站和核废料存储方案安全性的担忧使得发达国家调整国家核电发展政策，而全球核电设备“老龄化”加剧了核电发展的困境。

（1）经合组织国家核电发展放缓

近年来，多个国家调整核能领域发展计划。德国、比利时、瑞士和西班牙等国家计划逐步淘汰核电；韩国、瑞典、法国等国家则打算降低核电比例；受低成本天然气和可再生资源竞争的影响，美国一些小型、低效核电站提前关闭。

德国决定在 2022 年全面淘汰核电。目前，德国已经关闭 20 座核电站，2019 年该国核能发电量约占全国总发电量的 5%。比利时计划在 2025 年前逐步淘汰核能发电，2019 年核能发电量约占该国总发电量的 46.3%。瑞士明确不再批准新建核电站，对现有核电站不延期退役，并于 2019 年 12 月永久关闭了其现有 5 座核反应堆中的第一座。西班牙计划于 2030 年前关闭国内最后一座核反应堆，并计划不对任何核反应堆的运行寿期（40 年）进行延长。

（2）多数在运机组服役将近设计年限

核电机组的运营年限一般为 30～40 a，这意味着欧美等发达国家于 20 世纪大规模建设的核电机组均已到达服役年限。国际原子能机构公布的 2021 年全球核电发展数据显示（图 1.10），截至 2020 年年底，全球在运核电机组总计 444 座，其中，298 台机组（装机容量约 254 GW）运行时间已超过 30 a，美国九英里峰 1 号和京纳机组、印度塔拉普尔 1 号和 2 号机组、瑞士贝兹瑙 1 号机组 5 台核电机组的运行时间甚至已超过 50 a。

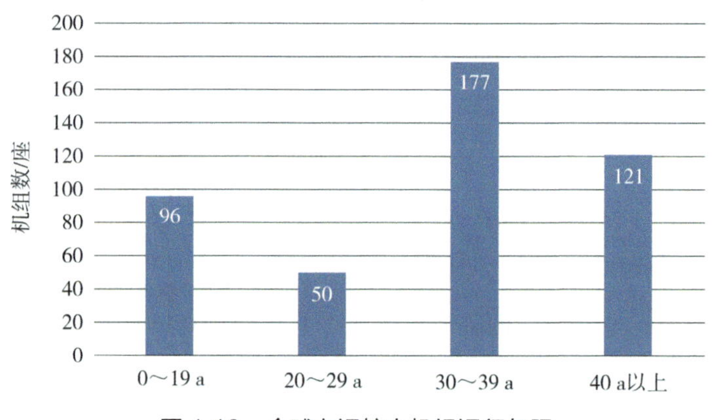

图 1.10　全球在运核电机组运行年限

虽然许多核电机组均已到达服役年限，但是鉴于延长核电机组运行时间的费用仅为新建核电机组的 10%～20%，更多国家选择通过对核电机组基本结构、系统和部件进行特殊安全评审和评定来延长机组运行时间至 60 年，同时对核电机组进行升级改造，确保本国核电机组未来安全运行。核电站延寿，是指当核电站到达设计运行寿期或运行执照许可运行期限后，通过核安全监管部门的评审，申请运行许可证延续，继续保持核电站的运行。核电站的设计寿期评价主要是根据“不可更换设备”（反应堆冷却剂系统压力边界等）来确定的，但在实际运行中，反应堆各系统所经历的工作状况要少于设计时使用的假设，仍有较大安全裕量，通过对“不可更换设备”进行寿命评估和老化管理，维修和更换“可更换设备”，核电站的实际寿期可以超过设计寿期，从而提高核电站的经济性。我国国家核安全局批准了秦山核电基地 7 台核电机组运行许可证续证的申请，创建了国内核电站许可证延续的示范工程。美国、法国、加拿大、阿根廷、亚美尼亚、乌克兰、捷克、俄罗斯、墨西哥和巴西等国家均有延长核电运营期限的计划。

1.3.2.2　我国核电发展现状

2020 年是“十三五”规划收官之年。“十三五”期间，我国核电机组保持安全稳定运行，新投入商运核电机组 20 台，新增装机容量 2 344.7 万 kW，商运核电机组总数达 48 台，总装机容量为 4 988 万 kW，装机容量位列全球第三，2020 年发电量达到世界第二；新开工核电机组 11 台，装机容量为 1 260.4 万 kW，在建机组数量和装机容量多年居全球首位。

2020 年，我国核能发电量为 3 662.43 亿 kW・h，同比增加 5.02%，约占全国累计发电量的 4.94%。与燃煤发电相比，全年核能发电相当于减少燃烧标准煤 10 474.19 万 t，减少排放二氧化碳 27 442.38 万 t、二氧化硫 89.03 万 t、氮氧化物 77.51 万 t，相当于造林 77.14 万 hm^2。10 年来，核能发电量持续增长，为保障电力供应安全和节能减排做出了重要贡献。

在核电安全生产方面，我国各运行的核电厂严格控制机组的运行风险，运行核电机组的 3 道安全屏障的完整性得到保证，未发生过国际核事件分级（INES）2 级及 2 级以上运行事件。核电厂人员的个人剂量和集体剂量均保持较低水平，没有发生影响环境与公众健康的事件。

与世界核电运营者协会（WANO）规定的性能指标对照，截至 2020 年年底，我国可以统计 WANO 综合指数的 47 台核电机组中，28 台机组的综合指数为满分 100 分，约占我国核电机组总数的 60%，占世界满分机组的 1/3。

2020 年，我国核电自主创新能力显著增强。“华龙一号”自主三代核电技术完成研发，大型先进压水堆及高温气冷堆核电站重大专项取得重大进展，小型堆、第四代核能技术、聚变堆研发基本与国际水平同步。AP1000、EPR 三代核电技术全球首堆相继在我国建成投产并完成首炉燃料循环运行，自主核电品牌“华龙一号”成功并网，自主三代核电型号“国和一号”正式发布，我国在三代核电技术领域已跻身世界前列。

天然铀和核燃料保障体系不断完善，我国已建立起较为完整、自主的核燃料循环产业链，能够支撑核电中长期发展。核电装备制造国产化和自主化能力不断提升，研究、制造和应用整体水平不断提高，我国三代自主核电综合国产化率达到 88%以上，形成了每年 8～10 台（套）核电主设备供货能力，建设施工能力全球领先。

1.3.3 影响我国核电的主要因素

我国的核能发展总体上看是积极和乐观的，但是危机和挑战也逐步逼近。核电经济性是最大的挑战。虽然还有市场发展空间，但是随着可再生能源的成熟和降价，核能发展空间受到挤压。虽然我国核能技术从跟跑发展到并跑、领跑阶段，但是在关键技术和核心材料等领域还受制于人，在基础科研、新技术和新概念开发方面还有一定差距。影响我国核电发展的主要因素有：

（1）公众接受度。社会群体事件在核电相关项目前期工作阶段时有发生；信息公开、透明工作处理不当等可能引发社会不稳定事件；受境内外恶意势力利用而发生的群体事件不容忽视；核电厂与当地群众因为各类经济纠纷而引发的群体事件值得关注。

（2）核电安全性。核电运营单位的核安全文化建设参差不齐，自满情绪及利益驱动对核安全具有潜在的不利影响，需要警惕；我国核应急能力建设仍然存在薄弱环节；核安全科技创新能力不强、科研成果转换缓慢。

（3）核电经济性。相对于风电、光伏等新能源，核电竞争力较弱，核电消纳风险已经显现；在建机组经济性不确定因素较多。

（4）放射性废物处理处置。我国中低放固体废物安全处置的压力将越来越大，高放废物的最终处置是核电发展必须面对和解决的问题。

（5）核电“走出去”面临压力和挑战。核电“走出去”面临技术先进性和安全性方面的更高要求，融资成本偏高、核安全监管合作与监管能力建设有待加强，核电“走出去”面临着较大知识产权纠纷压力。

（6）厂址资源。内陆核电厂厂址开发利用面临困境，沿海厂址有限，核电厂厂址开发标准与保护政策需进一步完善。

1.3.4　国内外核电发展趋势

结合国内外的核电技术走向和市场需求，世界和我国核电后续发展 8 个方面的发展趋势是：

（1）核电安全性有更高的要求。核电站的安全是核电发展的根本保障，福岛核事故再次敲响了安全警钟，核电安全更加受到关注。IAEA 和 NRC 等机构提出了更高的安全要求；我国也明确国内新建核电厂采用三代核电技术路线，并提出了实际消除大量放射性物质释放的要求，进一步提升核电站设计与运行安全水平是核电技术最重要的研究与发展方向。

（2）深化三代核电技术，提高核电经济性。在市场经济条件下，在满足安全法规要求，解决了工程可行性及运行维修可实现性之后，经济性起决定作用。通过优化机组性能、实现标准设计，提高设备制造能力、构建三代核电供货商体系，提高施工管理与运行维护水平等方式，降低核电站设计、制造、建造和运行成本，进一步提高核电经济竞争力。

（3）核电共性技术科技创新持续发展。开展覆盖核电厂全寿期的先进技术研究，包括数字化电厂平台研发、先进燃料设计、乏燃料贮存技术等，保证核电技术的可持续发展。如数字化电厂指通过对电厂物理和工作对象的全生命周期量化、分析、控制和决策，提高电厂价值的理论和方法，其可应用于核电厂生命周期的各个阶段，包括设计研发、制造、建造、安装、调试、运维、退役等。

（4）核电型号技术呈多元化发展趋势。从市场需求和电网能力角度出发，系列化型号开发（同一技术体系、不同电厂容量）已成为核电发展的重要战略选择；小型非能动反应堆概念逐渐受到国际核电市场的青睐，其固有安全性更容易提升，用途更为广泛。

（5）发展智慧核能。开展大数据中心基础平台和应用开发平台研究，形成基于数字化电厂的核电全生命周期数据协同和业务协同体系，实现数字化研发、数字化/智能化设计、数字化验证、数字化/智能化建造、数字化/智能化运维，实现核电智能化运行和辅助决策。

（6）延寿。核电站延寿就是指当核电站到达设计运行寿期或运行执照许可达到运行期限后，通过核安全监管部门的评审，申请运行许可证延续，继续保持核电站的运行。核电机组延寿，经济性考量是最主要的原因，新建一座核电站费用动辄上百亿元，但是通过延寿可以使核电站再运行 10～30 a，而花费的费用却少得多。截至 2020 年，美国处在运行中的反应堆 93 座，关闭的反应堆 40 座，NRC 已续签了 89 座商业核反应堆的运行许可证。其中 3 家已停止运营，47 家已进入延长运营期。

（7）核电退役。目前全世界已有约 120 座核电站关闭。核电站的退役常采取 3 种形式：一是核电站停止运行后立即拆除，并清除反应堆的放射性物质；二是将反应堆封存几十年，待其放射性自然衰减后再拆除；三是在反应堆外建造一个混凝土外壳，将反应堆长期罩起来。核设施退役一般包含 5 个步骤：建筑物、系统、设备去污；系统、设备拆除；建（构）筑物拆毁；场址环境整治；场址移交、封存监护。

（8）核电“走出去”。我国政府将核电“走出去”上升为国家战略，通过核电技术“走出去”带动国内相关装备制造业与技术服务高附加值产品出口。“华龙一号”已签订了两台机组的出口合同，并签订了多台机组的出口框架协议。作为压水堆专项成果，我国自主核电品牌“华龙一号”已经出口到巴基斯坦，目前巴基斯坦卡拉奇核电站第 2 个“华龙一号”机组完成堆内构件安装。因此，核电产业自主化等已成为中国国内核电发展的重点方向。

复习思考题

1. 什么是纵深防御？
2. 我们应该如何提高公众对核电的接受度？
3. 相比火电、风电及水电，核电的优势是什么？
4. 从福岛核事故中我们学习到了什么？
5. 未来你更看好大力发展哪种反应堆？请说明原因。

第 2 章　压水堆核电厂

2.1　概述

核反应堆的类型不同，核电厂的系统和设备也不同。压水堆核电厂是数量最多、运行经验最丰富的核电厂类型。典型的压水堆核电厂的能量循环如图 2.1 所示。

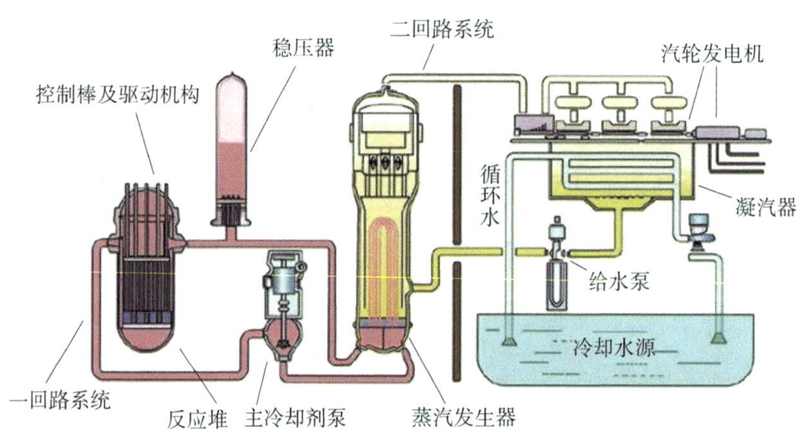

图 2.1　压水堆核电厂的能量循环

在核电站中，反应堆的作用是进行核裂变，将核能转化为热能。水作为冷却剂在反应堆中吸收核裂变产生的热能，成为高温高压的水，然后沿管道进入蒸汽发生器的 U 形管内，将热量传给 U 形管外侧的汽轮机工质（水），使其变为饱和蒸汽。被冷却后的冷却剂再由主泵打回到反应堆内重新加热，如此循环往复，形成一个封闭的吸热和放热的循环过程，这个循环回路称为一回路，也称核蒸汽供应系统。一回路的压力由稳压器控制。由于一回路的主要设备是核反应堆，通常把一回路及其辅助系统和厂房统称为核岛（NI）。

汽轮机工质在蒸汽发生器中被加热成蒸汽后进入汽轮机膨胀做功，将蒸汽焓降放出的热能转变为汽轮机转子旋转的机械能。汽轮机转子与发电机转子两轴刚性相连，因此汽轮机直接带动发电机发电，把机械能转换为电能。做完功后的蒸汽（乏汽）被排入冷凝器，由循环冷却水（如海水）进行冷却，凝结成水，然后由凝结水泵送入加热器预加热，再由给水泵将其输入蒸汽发生器，从而完成了汽轮机工质的封闭循环，我们称此回路为二回路。二回路系统与常规火电厂蒸汽动力回路大致相同，故把它及其辅助系统和厂房统称为常规岛（CI）。

综上所述，压水堆核电厂将核能转变为电能分四步，是在四个主要设备中实现的：

（1）反应堆——将核能转变为热能；

（2）蒸汽发生器——将一回路高温高压水中的热量传递给二回路的水，使其变成饱和蒸汽，在此只进行热量交换，而不进行能量的转变；

（3）汽轮机——将饱和蒸汽的热能转变为汽轮机转子高速旋转的机械能；

（4）发电机——将汽轮机传来的机械能转变为电能。

2.1.1 核岛（NI）系统

一回路主系统由反应堆、主泵、稳压器、蒸汽发生器和相应管道组成。反应堆外壳是一个耐高压容器，通常称为压力容器或压力壳，其内安装着由许多核燃料组件构成的堆芯。一回路主系统由 3 个环路对称地并联在压力容器接管上构成，每个环路有一台主泵和一台蒸汽发生器。在其中一个环路上装有一台稳压器，以维持一回路运行压力。

此外，还有一些安全和辅助系统，这些系统按照它们的功能大体上可以分为三类：

（1）专设安全系统——在反应堆发生大量失水等事故时可以自动投入，阻止事故的进一步扩大，保护反应堆的安全，同时防止放射性物质向大气环境扩散。包括安全注入系统、安全壳喷淋系统、辅助给水系统和安全壳隔离系统。

（2）核辅助系统——保证反应堆和一回路正常启动、运行和停堆，包括化学和容积控制系统、硼和水补给系统、余热排出系统、反应堆和乏燃料水池冷却和处理系统、设备冷却水系统等。

（3）“三废”处理系统——回收和处理放射性废物以保护环境，包括废液处理系统、废气处理系统和固体废物处理系统。

2.1.2 常规岛（CI）系统

常规岛系统可划分为汽轮机回路、循环水回路和电气系统三大部分。

（1）汽轮机回路

汽轮机回路主要设备有汽轮机、汽水分离再热器、冷凝器、凝结水泵、低压加热器、除氧器、主给水泵和高压加热器等。这个循环回路的流程原理与火力发电厂基本相同，只是由核岛部分的蒸汽发生器代替了火电厂的蒸汽锅炉。蒸汽发生器的出口蒸汽进入汽轮机带动发电机发电以后排入冷凝器，在冷凝器中被循环冷却水冷凝成凝结水。凝结水由凝结水泵经低压加热器加热后送入除氧器中进行除氧，再由给水泵经高压加热器加热后送入蒸汽发生器作为给水产生蒸汽重复使用。由于蒸汽发生器传热管把一、二回路的水隔离开，这个汽水循环回路中的水和蒸汽是不带放射性的。高、低压加热器的加热热源分别由汽轮机的高压缸和低压缸中间级抽汽提供。

由于核电站汽轮机的进口蒸汽为饱和蒸汽，高压缸的排气含有较多的水分，为防止或降低湿蒸汽对汽轮机叶片的冲蚀作用，在高压缸和低压缸之间设置了汽水分离再热器，以使高压缸排气中的水分被分离掉并加热，使进入低压缸的蒸汽变为过热蒸汽。

为了在汽轮机大负荷瞬变或汽轮机紧急跳闸时反应堆能维持适当负荷，获得冷却，另外设置了蒸汽旁路系统，主蒸汽可由主蒸汽联箱直接通往冷凝器和除氧器。

（2）循环冷却水系统

亦称三回路，其主要功用是向冷凝器供给冷却水，确保汽轮机冷凝器的有效冷却。它是个开放式回路，循环水从海中抽取，流经冷凝器管路之后，循环水又流回海里。对于内陆核电站，循环冷却水可以封闭循环，通过冷却塔向大气排放热量。

（3）电气系统

电气系统包括发电机、励磁机、主变压器、厂用变压器等。在正常运行时整个厂用设备的配电设备由发电机的出线经过厂用变压器降压供电，当发电机停机时则由主电网经过主变压器反向供电。若此时主电网失电，则由另一外部电网经过辅助变电器向厂内供电。当上述电源均发生故障不可用时，则由备用的柴油发电机组向厂内应急设备供电，以保障核电站设备的安全。

2.2　核电厂总体布置

2.2.1　厂址选择

核电厂选址比火电厂具有更高的安全要求。核电厂的厂址选择工作，涉及区域经济发展规划等因素，与气象、地质、地震和水文等自然条件有关，还与安全、环境有关，因此，它受到政府、生态环境部门和周围民众的普遍重视。

核电厂选址考虑的因素中很多与火电厂相同，例如，接近电力负荷中心、有充足的冷却水源、交通运输方便、有良好的自然条件、减少废热废物排放对生物的影响和防止环境污染的可能性等。核电厂选址基本原则除了要满足常规电厂所必需的条件外，还应尽量减少放射性物质对环境的影响，以确保居民在一般事故和严重事故条件下不受危害。所以，核电厂选址应考虑核电厂放射性特性、厂址自然条件和技术要求以及辐射安全3个方面。

（1）核电厂放射性特性

核反应堆是一个强大的辐射源。核电厂的热功率决定了反应堆内放射性物质的总量，在相同的运行条件下，堆内放射性物质的总量与功率成正比，因而在发生事故时放射性物质的释放量可能也与功率有关。

反应堆燃料棒运行时的破损率、反应堆冷却剂系统的泄漏率和放射性废物处理系统的净化能力等决定了核电厂在正常运行时放射性物质的排放量。如果放射性废气排放量较大，核电厂就不宜建在城镇居民中心附近；如果放射性废水排放量较大，核电厂废水就不能直接向江河湖海中排放。具体允许排放量，需根据放射性物质的毒性、厂址的环境稀释能力、居民点离核电厂的距离和居民的饮食习惯来决定。设计上要求核电厂在极限事故工况下，放射性物质释放量不应达到对居民健康和安全造成超过我国国家核安全局关于核电厂厂址选择所规定的严重危害后果的程度。

（2）厂址的自然条件和技术要求

厂址的自然条件必须满足核电厂选址的技术要求，应尽可能地避免或减少自然灾害（如地震、洪水及灾难性气象条件）造成的影响，并应有利于排出的放射性物质在环境中稀释。

厂区地震条件是确保核电厂安全的重要条件，是选择厂址的决定因素之一。核电厂的抗震设计应保证在它整个寿命期限内即使遇到当地历史上最大地震，仍能使核电厂安全地停堆和不影响周围的环境。考虑到安全和经济的要求，厂址尽可能选在地震烈度低的地区，厂址的地震基本烈度一般不大于7度（一般应避免在设计烈度高于9度的地区建厂）。

当厂址位于大的内湖或海滩附近时，应确定由湖震或海啸可能造成的最大洪水。可能的最大洪水按如下方法确定：考虑设计风暴潮中跨越整个湖面或海面的空间气压，湖岸风或海风的形成和波浪上涌效应呈现最大的综合效应。

气象条件是影响选址的一个因素，对气象条件的基本要求是：气流畅通，有利于放射性废气的稀释扩散。厂址周围的气象条件虽有不同，但通过大气扩散实验可以测出各处的大气扩散因子的差别，从而确定厂址是否合适。

水源和水文方面，保证足够且可靠的冷却水是核电厂运行最基本的技术条件，一般要求百年一遇最小流量也能满足核电厂正常运行的要求。冷却水量取决于冷却方式。由于压水堆核电厂热效率较低，而且它的废热全部由循环水带走，而火电厂有 10%～15%废热由烟气排放到大气，因此核电厂冷却水量应比同样容量的火电厂大。核电厂的热排放对厂址选择有较大影响，一般核电厂均建在有充分水源的江、河、湖、海边。

另外，核电厂应建在铁路、公路或水路等交通运输比较方便的地方，以便于对大型设备和新燃料、乏燃料的特殊运输；核电厂应尽可能接近负荷中心，以减少输电的投资和线路上的能量损失，为确保核电厂的安全运行，除现场备有应急柴油发电机和系统外，还要求配备从两个以上来源接入的两套独立可靠的厂外电源。厂址应避免选在机场和生产爆炸或有毒化学产品的工厂附近，其距离应不小于 8 km。

（3）辐射安全

从辐射安全的角度看，核电厂正常运行时排放的放射性废物对环境的影响较小，对选址有影响的主要还是核电厂事故发生时可能对居民造成的危害，所以，通常一个国家的核电厂选址标准的主要内容之一就是规定事故条件下的最大释放量。据此应考虑以下因素：

①辐射安全应符合国家环境保护、辐射防护等法规和标准的要求。核电厂正常运行时按《电离辐射防护与辐射源安全基本标准》（GB 18871—2002）对附近居民的年有效剂量限值为 1 mSv，特殊情况下，连续 5 a 的年平均有效剂量限值不超过 1 mSv，其中某一个单一年份中的年有效剂量限值可为 5 mSv。在核电厂发生重大事故的假想情况下，应保证居民不受超过规定的剂量限值的照射。

②将核电厂设置在非居住区，一方面是为了能控制周围土地的使用，防止厂外人为事故干扰核电厂的正常运行；另一方面是在事故情况下，可保障邻近居民的安全隔离。许多国家对非居住区，有明确规定的禁区半径。

③考虑厂址周围的人口密度和分布。人口分布是核电厂厂址选择中需要考虑的一个重要因素。核电厂拟选厂址周围地区人口分布应符合下列原则：a. 使核电厂在正常运行期间对周围公众造成的辐射剂量保持在可合理达到的尽量低的水平。b. 将核电厂事故条件下对周围公众造成的辐射风险限制在可以接受的水平，并使得在需要执行核事故应急计划时，厂址附近的公众较易实施隐蔽、撤离等防护措施。核电厂应尽可能建在人口密度较低、地区平均人口密度相对较小的地点。核电厂距 10 万人口以上的中、小城市和距 100 万人口以上的大城市应有足够的距离。

以人口分布的观点对厂址的评价，可以采用人口分布资料并结合厂址气象、辐射剂量估算等资料，应依据与厂址不同距离和方位有关的人口分布资料：a. 以厂址为中心，以 1 km、2 km、3 km、5 km、10 km、20 km、30 km、40 km、50 km、60 km、70 km、80 km 为半径画同心圆，辐向取罗盘方位为扇形区中心线，形成 16 个扇形区，共 192 个扇形子区，按子区统计人口数；b. 按与厂址间的距离和方位给出各人口中心的人口，在厂址周围 15 km 以内可以村、镇为区划对人口进行统计，在 15 km 以外可以县、市为区划进行人口统计；c. 对厂址周围半径 2 km、5 km、10 km、20 km、80 km 的环形区，以罗盘方位为中心线划分扇形区，分别对各区域陆地人口密度进行统计计算。

IAEA 安全标准对人口分布评价推荐 3 类共 7 种方法：固定区域法、人口比较法（可分为累积人口曲线法、人口密度法、厂址人口因子法、厂址和扇形因子法、厂址人口和大气弥散法）和归一化集体剂量法。其中，固定区域法是在厂址周围划定几个限制人口密度的地带，方法较为简单，适用于不考虑地形和气象学资料、周围人口特征不均匀分布的情况下的适宜厂址筛选。

国外在核电选址中的通常做法是划定 3 个区域，即核动力厂址周围一个无常住居民的隔离区或禁区（第一区）；核动力厂附近需要对人口总数和工业增长等加以规划、限制或明确地予以控制，并考虑核动力厂发生严重事故时可采取有效的措施对该区居民的利益进行保护的低人口密度区（第二区）；距核动力厂更远的一定距离内不允许有大规模的人口中心的区域（第三区）。

各国选用何种方法，通常要根据可获得的资料和环境特征来确定。人口密度和分布是目前选址要考虑的一个重要因素，需综合考虑厂址的其他各种条件。随着技术水平和安全研究的不断发展，核电厂的设计和安全设施日趋完善可靠，特别是随着核电厂建造和运行经验的不断积累，人口密度和分布限制会进一步减小，甚至有可能在靠近大城市的位置建造核电厂。

2.2.2　平面布置

核电厂的厂址选定后，在总平面布置设计时应考虑以下原则：

（1）合理区分放射性与非放射性的建筑物，使净区和脏区严格分开，脏区尽可能置于主导风向的下风侧，以减少放射性污染。

（2）满足核电厂生产工艺流程要求，便于设备运输，减少厂区管线的迂回和纵横交叉。

（3）反应堆厂房、核辅助厂房和燃料厂房，都应设在同一基岩的基垫层上，防止因厂房承载或地震所产生的沉降差异而造成管线断裂。

（4）核电厂厂房布置以反应堆厂房为中心，核辅助厂房、燃料厂房、主控制楼和应急柴油发电机厂房均环绕在反应堆厂房周围。对于双单元核电厂也可采用对称布置，并共用部分核辅助厂房。

按照上述原则，一般压水堆核电厂的厂房可以分为以下几个部分：

（1）核心区：主要由核岛和常规岛组成，包括反应堆厂房、核辅助厂房、燃料厂房、主控室、应急柴油发电机厂房、汽轮机厂房等；

（2）“三废”区：主要由废液储存库、处理厂房、固化厂房、弱放射物库、固体废物储存库、特种洗衣房和特种汽车库等组成；

（3）供排水区：主要由循环水泵房、输水隧洞、排水渠道、淡水净化处理车间、消防站、高压消防泵房、排水泵房等组成；

（4）动力供应区：主要由冷冻机站、压缩空气及液氮储存气化站、辅助锅炉房等组成；

（5）检修及仓库区：包括检修车间、材料仓库、设备综合仓库及危险品仓库等；

（6）厂前区：包括核电厂行政办公大楼及汽车、消防、保安和生活服务设施。

核电厂的总体布置主要取决于核心区、供排水区、“三废”区的布置，而关键又在于核心区的布置。核心区的布置首先取决于核岛各厂房的组合，以及它们与汽轮机厂房的相对位置关系。

核岛厂房主要有反应堆厂房、核辅助厂房、燃料厂房、主控制室等，它们之间的工艺流程和功能紧密相关，因此，必须组成以反应堆厂房为核心的建筑群，它们之间要合理分区，并布置紧凑，缩短工艺管线，节约用地。一台600～900 MW 机组的核岛各厂房组合的占地面积为8 000～10 000 m^2。

反应堆厂房与汽轮机厂房的相对位置有两种形式：一种是汽轮机厂房与反应堆厂房呈 L 形布置，另一种是汽轮机厂房与反应堆厂房呈 T 形布置。图 2.2 为 L 形布置的双机组核电厂平面布置图。L 形布置方法厂房布局紧凑，占地少，特别是由几个单元机组并列时，汽轮机厂房可以合在一起，以减少汽轮机厂房内重型吊车台数，若端部再接维修车间，则设备检修更为方便。但是这种布置，在汽轮机厂房与反应堆厂房之间需设置防止汽轮机飞车时叶片对安全壳冲击的屏障。采用 T 形布置方式时，汽轮机叶片飞射方向不会危及反应堆厂房，但厂房面积相对大些。图 2.3 为大亚湾核电厂双堆 T 形平面布置。目前，世界各国（如美国、德国、法国）新建造的 1 000 MW 级的单机组和双机组核电厂的厂房布置均采用 T 形布置。

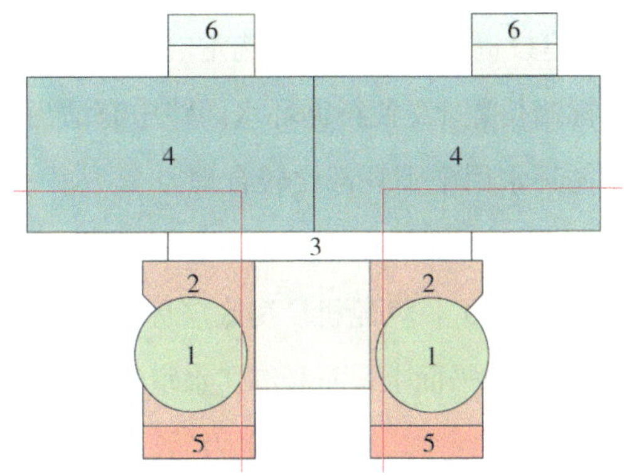

1—反应堆厂房；2—核辅助厂房；3—主控制室；4—汽轮机厂房；
5—燃料厂房；6—变电站。

图 2.2　核电厂厂区 L 形布置

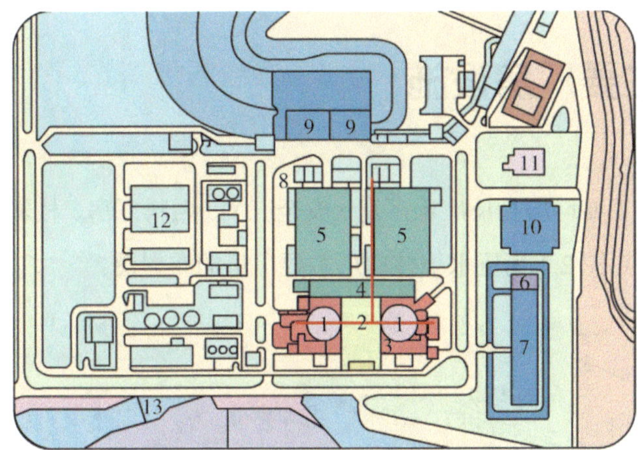

1—反应堆厂房；2—核辅助厂房；3—燃料厂房；4—电气厂房；5—汽轮机厂房；
6—调度控制楼；7—主调度大楼；8—变电站；9—循环水泵房；10—行政办公大楼；
11—餐厅；12—核电厂其他辅助厂房；13—海水进口。

图 2.3　大亚湾核电厂厂区 T 形布置

在核电厂总体布局中，循环水供排水系统占有重要地位。以大亚湾核电厂为例，其循环水系统的标高布置，是确定厂区标高的两个重要因素之一。这两个因素是：

（1）厂区地坪的标高，其应位于千年一遇的最高潮位以上。

（2）综合考虑基建投资和运行费用后选定的循环水系统的最优标高。将凝汽器布置在适当标高位置上，使得循环水回路中有适当的虹吸效应，并使核电厂基建投资和循环水用电消耗都比较合理。

综合上述两个因素，大亚湾核电厂的厂区标高为+6.50 m 珠江基平面（Pearl River Database，PRD），汽轮机厂房底层标高为+6.70 m PRD，凝汽器底座布置在+6.70 m PRD 的平面上，而凝汽器水室最高点标高则为 13.550 m。在正常潮位下循环水回路中考虑了管渠的阻力后，虹吸高度约为 7 m。

从图 2.3 可以看到，循环水经进口水道进入循环水泵房，升压后沿地下循环水输送管进入汽轮机厂房的凝汽器，离开凝汽器的循环水再经地下水道通过虹吸井后排入明渠入海。可见，循环水系统贯穿了整个厂区。

2.3 主要厂房设施

核电厂主要厂房指反应堆厂房（安全壳）、燃料厂房、核辅助厂房、汽轮机厂房等。图 2.4 为压水堆核电厂主要厂房的布置图。

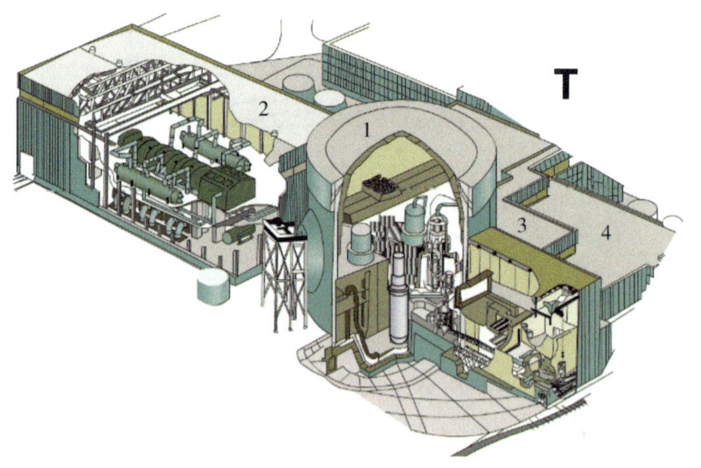

1—反应堆厂房；2—汽轮机厂房；3—燃料厂房；4—核辅助厂房。

图 2.4 压水堆核电厂主要厂房

2.3.1　反应堆厂房（RX）

反应堆厂房通常是一个有钢衬的圆柱形预应力混凝土结构，顶部呈半球形或椭球形，它的内径约 40 m，壁厚约 1 m，高 60～70 m，它包含一回路系统带放射性物质的所有设备，以防止放射性物质向外扩散。即使在核电厂发生严重事故时，也仍然将放射性物质封闭在安全壳内，不致影响到周围环境。整个结构按抗震 I 类要求设计。

为了便于安全壳内大型设备的安装和检修，安全壳侧面设有直径约 10 m 的一个设备闸门和一个连接核辅助厂房的人员闸门。大厅顶部设有起吊能力为 250～300 t 的环形吊车。安全壳设备闸门外设有设备吊装平台，平台上设有 270～300 t 的龙门吊车，主设备经设备闸门进入安全壳，再由环形吊车吊装定位。为了支撑和隔离主系统设备，安全壳内有若干隔墙，将安全壳分隔成不同功用的隔室，安全壳底部是一个厚度达数米的混凝土基础平台。

安全壳内部结构主要由钢筋混凝土建造。圆筒形的反应堆一次屏蔽墙，既在反应堆安全容器周围形成物理屏蔽，又为反应堆压力容器提供支撑。该一次屏蔽墙与安全壳大致是同心的。为了支撑和隔离一回路系统设备，安全壳内设有一回路隔墙，这些隔墙还为反应堆冷却剂系统提供屏蔽。操作间为换料和维修人员提供工作场所和入口，它也用作一回路隔室的顶盖。操作间从一次屏蔽墙径向延伸，一直延续到一回路隔墙上。一回路隔室的墙壁和操作间为反应堆冷却剂系统提供飞射物的保护，防止来自一回路隔室内可能产生的飞射物的破坏。在反应堆压力容器上方还单独设置了飞射物屏蔽装置，以包容与控制棒驱动机构相关的飞射物。位于反应堆压力容器之下的疏水地坑，负责收集安全壳内所有正常的泄漏水。另一个地坑是应急堆芯冷却系统地坑，它位于安全壳底层地面，可在一回路隔室墙之内或之外。发生失水事故后，反应堆冷却剂被收集在这个地坑里。应急堆芯冷却水泵由此地坑吸水，将冷却剂送回反应堆冷却剂系统或安全壳喷淋系统。正常和应急冷却的通风设备和空气净化设备以及燃料操作时需要的其他设备也安放在安全壳内。安全壳内设备布置如图 2.5 所示。

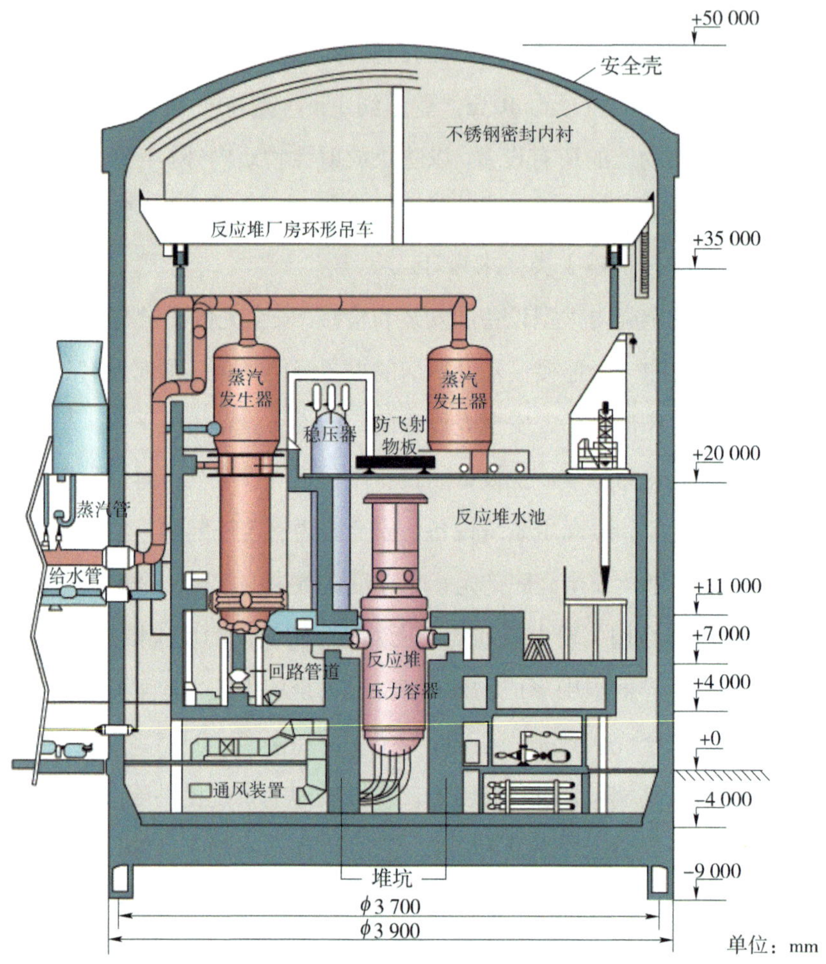

图 2.5　安全壳内纵剖面

2.3.2　燃料厂房（KX）

燃料厂房设有存放乏燃料的储存池。储存池上方有一台重 100～150 t 的桥式吊车，是吊运乏燃料运输容器和乏燃料冷却系统的设备。这个厂房通过燃料输送水道与反应堆厂房相连。在乏燃料储存池内，通常须有 7～9 m 深的水层作为屏蔽层，乏燃料储存池需按抗震 I 类要求设计。

2.3.3　核辅助厂房（NX）

核辅助厂房是一个具有多种用途的钢筋混凝土结构。厂房内设有化学和容积控制系统、安全注入系统、设备冷却水系统等辅助系统及厂房必需的空气处理和冷却设备。厂房内的设备须装有隔间，给操作人员提供生物屏蔽。在设备的布置上，必须注意把安全系统的设备、管道和电缆分开。这样，确保设备、结构、管道和电缆在单一故障情况下不会致使整个系统失去安全功能。依照这种分离的设计，对于装有事故工况下工作的电动机的房间，需要增加设备隔离间或保护墙及冷却设备。核辅助厂房一般集中设置在反应堆厂房的周围，这有利于缩短系统管路从而节省核电厂的基建投资。

2.3.4　汽轮发电机厂房（MX）

汽轮发电机厂房的布置与火电厂汽轮机厂房相似，它一般布置在紧靠安全壳的一侧。厂房内设有汽轮发电机组、凝汽器、凝结水泵、给水泵、给水加热器、除氧器、汽水分离再热器及与二回路系统有关的辅助系统。

大亚湾核电厂的汽轮机发电机组配有 1 台高压缸和 3 台低压缸，整个汽轮发电机组安装在钢筋混凝土基座上，呈纵向布置。汽轮发电机端部朝向反应堆厂房，发电机端部靠近检修场地。凝汽器布置在低压缸下面。汽轮发电机厂房有效利用高度约 37 m，长约 98 m，厂房设有 2 台 185 t 桥式吊车，用于设备安装和检修时设备吊装就位。

2 台汽水分离再热器位于汽轮发电机低压缸的两侧，置于轻型钢结构平台上。除氧水箱安置在高于 2 台汽动给水泵中心线 24 m 的标高层。给水泵的安装位置既便于由除氧水箱取水，又便于将给水泵驱动汽轮发电机的排汽排往凝汽器。

2.3.5 电气厂房（LX）

电气厂房布置在整个核电厂的中心，它包括中央控制室、厂用配电和各种自动控制设备以及继电器室。中央控制室内装有控制台和控制盘，继电器室内装有各种继电器和控制器。电气厂房控制着整个核电厂，因此它是一个至关重要的区域，必须按抗震Ⅰ类的要求进行设计。中央控制室和继电器室共用一个空调系统来冷却电气设备。在继电器室下面，还有一个“电缆室”，它是从核电厂各处引到中央控制室来的所有电缆线的汇集点，所有电缆都分别引到中央控制室和继电器室内的各个端子排上。

2.3.6 其他厂房

核电厂除了上述主要厂房外，还有循环水泵房、输配电厂房及放射性废物处理厂房。放射性废物处理厂房是核电厂特有的厂房。为了保证在正常和事故工况下排出的放射性物质不致污染周围环境，核电厂内所有通过反应堆及一回路系统排出的气体、液体和固体废物都要经过处理，达到允许排放标准后才可通过高烟囱、下水道排放或回收使用。因而，核电厂的厂房设施要比常规电厂严格得多、复杂得多。

2.4 一回路冷却剂系统和设备

2.4.1 压水堆本体结构

压水堆本体由堆芯、堆芯支撑结构、反应堆压力容器以及控制棒驱动机构组成。图 2.6 为典型压水堆的本体结构。

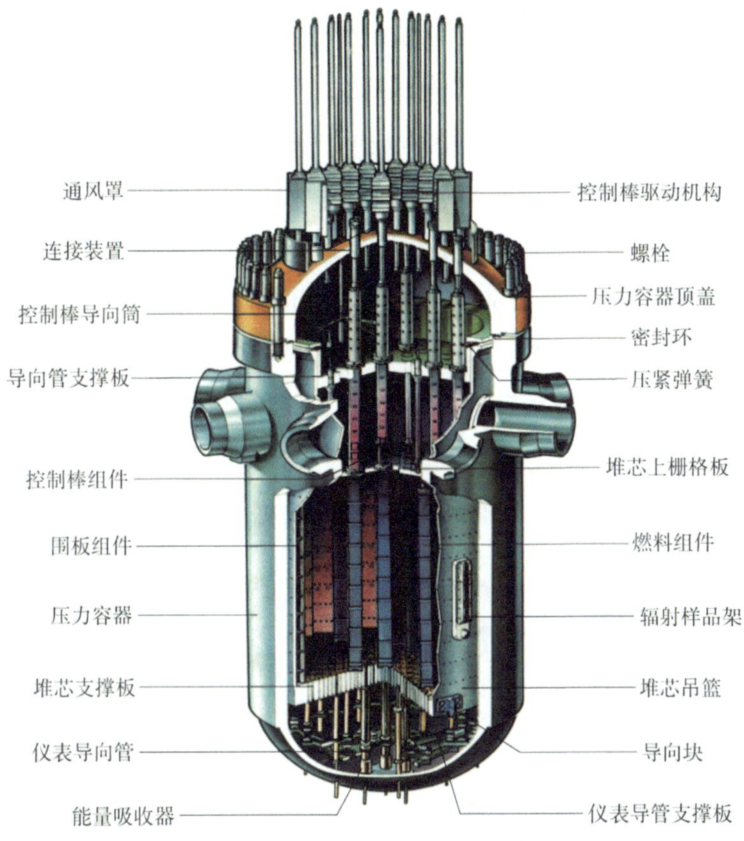

图 2.6　典型压水堆本体结构示意

2.4.1.1　堆芯

堆芯又称为活性区，位于反应堆压力容器中心偏下的位置。在典型的燃料管理方案中，初始堆芯分成 3 个燃料富集度不同的区，在堆芯外区放置富集度较高的燃料组件，富集度较低的燃料组件以棋盘的形式排列在堆芯的内区。例如，大亚湾核电厂由 157 个几何形状和机械结构完全相同的燃料组件构成一个高 3.65 m、等效直径 3.04 m 的准圆柱状核反应区。1 区 53 个组件，富集度 1.8%；2 区 52 个组件，富集度 2.4%；3 区 52 个组件，富集度为 3.1%。原设计每年进行一次换料，经技术改造，现在每 18 个月换料一次，每次更换 1/3 的燃料组件。达到平衡换料时，新燃料的富集度为 3.2%。

反应堆冷却剂流过堆芯时起到慢化剂的作用。控制棒组件用于反应堆控制，提供反应堆停堆能力和控制反应性快速变化。与燃料组件组合在一起的还有一些功能组件，它们在堆启动和运行中起着重要作用。

燃料组件由燃料元件棒、定位格架和组件骨架等部件组成。燃料组件是压水堆的堆芯重要部件，主要分为六棱柱和长方体两种排列方式，如图 2.7 和图 2.8 所示。从 20 世纪 60 年代末开始，压水堆普遍采用了无盒、带棒束型控制棒组件的燃料组件，采用这种燃料组件减少了堆芯结构材料，冷却剂充分交混，增强了燃料棒表面的冷却强度。图 2.9 给出了大亚湾核电厂的燃料组件及元件棒结构示意图。燃料组件呈 17×17 正方形排列，每个组件有 289 个位置，其中 264 个位置由燃料元件棒占据。

图 2.7　六棱柱燃料　　　　图 2.8　长方体燃料组件

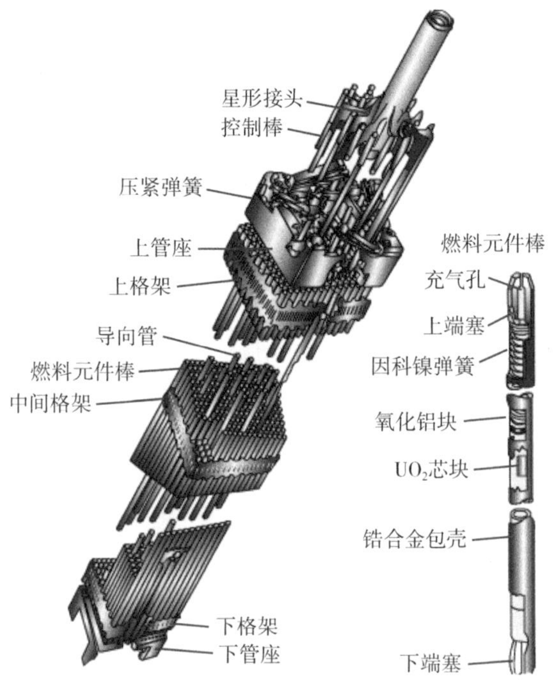

图 2.9　燃料组件和燃料元件棒

燃料元件棒由燃料芯块、燃料包壳、压紧弹簧、上端塞、下端塞等部件组成，如图 2.10 所示。

每根 17×17 燃料元件棒中装有 271 块燃料芯块，芯块叠放在厚度为 0.57 mm 的锆包壳管中；上下端布置氧化铝隔热层，顶部弹簧压紧，两端用锆合金封堵，与包壳管焊封在一起；棒长 3 852 mm、外径 9.5 mm、活性区长度 3 657.6 mm。燃料元件棒包壳内充有 2.0 MPa 的氦气，以减小燃料元件棒放入 15.5 MPa 冷却剂后对包壳形成的压力。

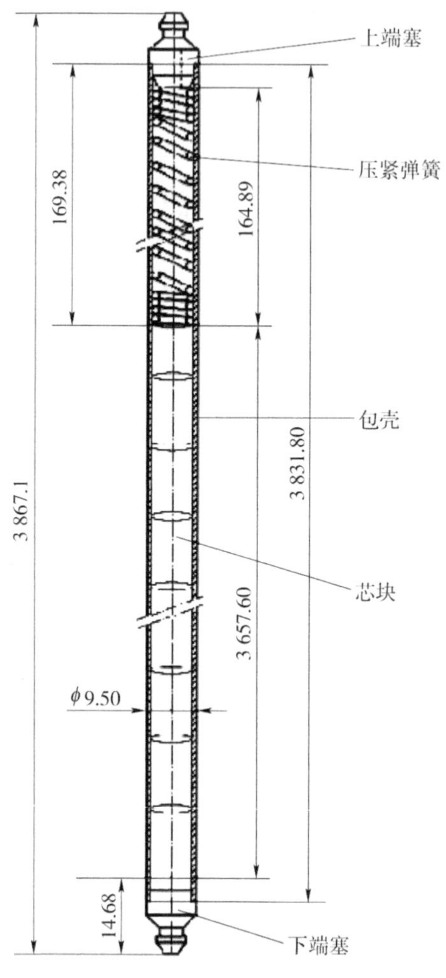

图 2.10　燃料元件棒剖面

燃料芯块是由低富集度的二氧化铀粉末经冷压，在 1 700℃高温下烧结成的圆柱形陶瓷体，直径为 8.192 mm，高 13.46 mm，燃料芯块最高工作温度 1 204℃，低于二氧化铀设计熔点 2 590℃。

燃料包壳容纳燃料芯块，将燃料与冷却剂隔开，并包容裂变气体，是防止放射性物质向外释放的第一道屏障。包壳材料采用 M5 合金，其主要成分为锆-4，含 Nb（0.8%～1.2%）、O（0.9%～1.6%）、Fe、Cr、S 等杂质。锆热中子吸收截面小，具有良好的机械性能和抗腐蚀性能，熔点高达 1 800℃。

锆温度达到800℃将与水发生反应释放出氢气，在运行中应使燃料元件棒保持在可接受的温度之下。

燃料组件骨架由24根控制棒导向管、一根中子通量测量管与上下管座焊接而成，沿高度方向设置有8个定位格架以提高组件的刚性和强度。骨架结构使264根细长的燃料元件棒形成一个整体，承受整个组件的重量和控制棒下落时的冲击力，并保证控制棒运动的畅通。

下管座对进入组件的冷却剂起流量分配作用，又是燃料组件底座。组件重量和施加到组件上的轴向载荷，经下管座作用到下栅板上。燃料组件在堆芯的定位由两个对角支撑脚上的销孔和下栅板上两个定位销来保证，作用在燃料组件上的水平载荷也通过定位销传递到堆芯支撑结构上。

上管座是燃料组件的上部构件，冷却剂通过它由燃料组件流向上栅板的流水孔。堆芯上栅板的定位销与管座对角上的两个销孔定位，上管座上的压紧弹簧可将燃料组件压紧。

控制棒导向管为控制棒上下自由运动提供通道，同时将上下管座连成整体框架。导向管下部呈锥形，对快速下落的控制棒起阻尼作用。

在组件中心位置的中子通量密度测量管为堆芯中子通量密度测量元件提供通道。

沿燃料元件棒全程有8个定位格架，它维持燃料元件棒的侧向间隙，也是夹持燃料元件棒和加强燃料元件棒刚性的构件。合理的定位格架设计除了起到对燃料元件棒的夹持定位作用外，还要强化流体的扰动作用并使流动阻力尽可能小。

上述157个燃料组件，每个燃料组件都提供了24个控制棒导向管，这些位置安排有堆芯功能组件。

（1）控制棒组件

大约1/3的燃料组件的控制棒导向管是被控制棒组件占据的。控制棒束顶端固定在一个枝状星形架上，控制棒与枝状接头相连。控制棒组件是一种快速控制反应性的工具，在正常运行时用于调节反应堆功率，在事故工况下快速引入负反应性，使反应堆紧急停堆，保证核安全。

（2）可燃毒物组件

大型压水堆控制反应性都是同时使用控制棒组件和改变冷却剂中的硼浓度两种方法。但新堆第一次装料的后备反应性较大，而为了保证慢化剂温度系数为负值，其硼浓度又不能太高，所以装有66束具有较强吸收中子能力的可燃毒物组件以平衡反应性。之所以称为可燃毒物，是因为其中的 ^{10}B 吸收中子后衰变为 ^{7}Li，不断被消耗掉。可燃毒物组件在燃料第一次循环后全部取出，换上阻力塞组件。可燃毒物棒由装在不锈钢包壳管中的含硼玻璃管组成，用于抵消新堆芯第一次装料大部分过剩后备反应性。

（3）阻力塞组件

对于那些既没有布置控制棒束又没有放置可燃毒物棒束或中子源棒束的燃料组件，都放置了阻力塞组件。每个阻力塞组件有24根阻力塞棒，用它们来堵住燃料组件的导向管，以防止堆芯冷却剂旁路。阻力塞棒是封闭的不锈钢管，其长度较短，约20 cm。可燃毒物组件和中子源组件都包含有阻力塞，而阻力塞组件中全部24根棒位都是阻力塞。大亚湾核电厂首次装料的含有38个阻力塞组件。

（4）中子源组件

反应堆初次运行之前或长期停堆之后，堆芯内中子较少，此时如果启动，堆芯外核仪表无法探测到堆内的中子注量率水平。为了安全启堆，必须随时掌握反应堆次临界程度，以避免发生意外的超临界。为此，堆芯内装有中子源组件，这些中子源经次临界增殖后产生足够多的中子数，使源量程核仪表通道能探测到堆内中子水平（要求计数率大于2/s），以克服测量盲区。中子源组件插在堆芯靠近源量程核仪表探测器的燃料组件内。

2.4.1.2 堆芯支撑结构

堆芯支撑结构包括下部支撑结构、上部支撑结构和堆芯仪表支撑结构。堆芯支撑结构用来为堆芯组件提供支撑、定位和导向，组织冷却剂流通，以及为堆内仪表提供导向和支撑。

（1）堆芯下部支撑结构

堆芯下部支撑结构是堆芯的主要包容件，如图 2.11 所示。堆芯下部支撑结构包括堆芯吊篮、堆芯围板、堆芯下栅板、热屏、流量分配板、二次支承组件及焊到堆芯吊篮底部的堆芯支承板，它通过其上部法兰吊在反应堆压力容器法兰的凸缘上，径向支撑是通过吊篮下部周向与反应堆压力容器间的键槽结构来防止径向移动。在堆芯吊篮内，有围板组件包围堆芯，它径向支撑堆芯并引导冷却剂流过堆芯燃料组件，燃料组件竖立和定位在堆芯下栅板上。

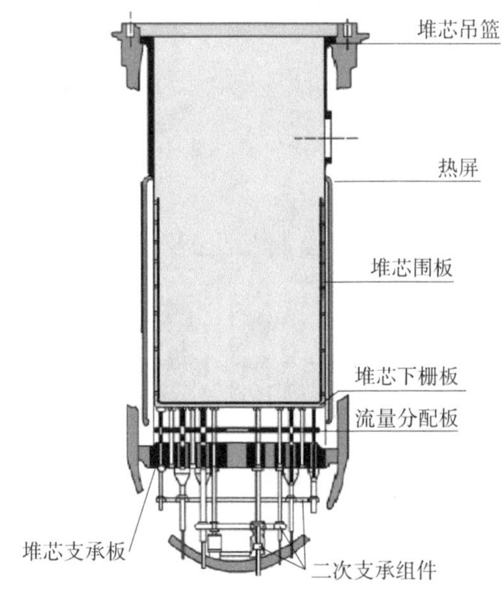

图 2.11　堆芯下部支撑结构

堆芯下栅板为燃料组件提供精确定位和流量分配，燃料组件定位销就固定在下栅板上。

每个燃料组件对应 4 个大小相同的流量分配孔。堆芯下栅板经支撑柱将载荷传递到吊篮下部支撑结构上。混流板位于堆芯下栅板与堆芯支撑之间，使进入各燃料组件的冷却剂流量均匀。

为了减少中子辐照对反应堆压力容器的损坏，在吊篮侧面堆芯高度上装有钢屏蔽物。早期的设计采用完整的钢筒结构，目前的设计改为对着燃料最接近反应堆压力容器壁的堆芯四角在吊篮桶体外侧连接了 4 块柱面钢屏蔽物，这样使吊篮与压力容器之间下降段流通截面加大，降低了流速，减少了流动阻力。在热屏外侧，焊有样品辐照导管，为反应堆压力容器材料样品提供辐照监测。

（2）堆芯上部支撑结构

堆芯上部支撑结构如图 2.12 所示。堆芯上部支撑结构是一个由堆芯上栅板、导向管支撑板等组成的组合件，其作用是为燃料组件提供上部的定位，并为控制棒组件提供导向。

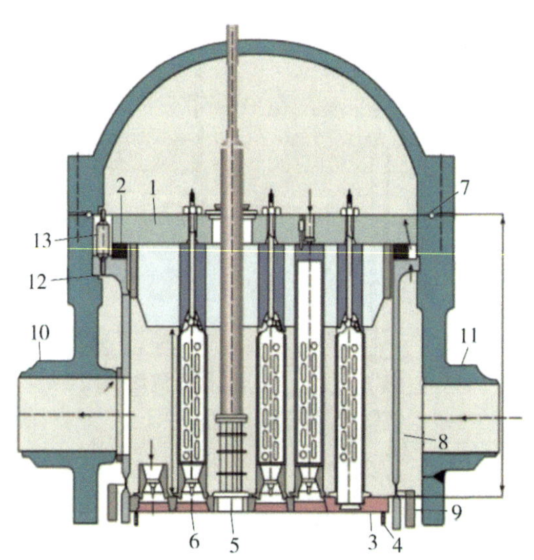

1—导向管支撑板；2—压紧弹簧；3—堆芯上栅板；4—堆芯围板；5—导向管；6—支撑板；7—定位销；8—吊篮；9—热屏；10—出口接管；11—入口接管；12—吊篮支撑凸台；13—定位销。

图 2.12 堆芯上部支撑结构

堆芯上部支撑筒连接堆芯上栅板和导向管支撑板并使二者平行，堆芯上部支撑筒在堆芯出口高度为冷却剂提供流道，控制棒束导向管为控制棒束在堆内运动提供导向。它由上、下两部分组成，上部用螺钉固定在导向管支撑板上，下部由两个销钉插入堆芯上栅板上的销钉孔中来定位，控制棒束导向管不承受机械载荷。

堆芯上栅板设置有向下的定位销以压配燃料组件上管座的定位孔，将燃料组件上部压紧、定位。堆芯上栅板经堆芯上部支撑筒将向上轴向载荷传递到导向管支撑板。导向管支撑板外缘通过压紧弹簧压在吊篮上法兰上，最后由反应堆压力容器顶盖压紧。

2.4.1.3 反应堆压力容器

压水反应堆压力容器是固定和包容堆芯、冷却剂、堆内构件的重要设备，与一回路管道共同构成一回路压力边界，是阻止放射性物质外泄的第二道屏障。反应堆压力容器工作在高温、高压、酸水介质、强辐射环境下，寿命一般为 40 a（第二代核电）或 60 a（第三代核电）。

压力容器由筒体组合件、顶盖组合件（包括法兰环、接管段、筒身、冷却剂入口和出口）、底封头和法兰等密封结构组成。压力容器结构如图 2.13 所示。反应堆压力容器是一个底部为焊死的半球形封头，上部为法兰连接的半球形封头的圆柱形容器，容器上每一个环路均有 1 个进口管嘴和出口管嘴与其冷热管段相接。进出口管嘴位于高出堆芯上平面约 1.4 m 的同一个水平面上。反应堆压力容器本体材料属低碳钢，与冷却剂接触表面堆焊一层 5 mm 厚的不锈钢。压力容器高 13 m，内径 4 m，筒体壁厚 20 cm，总重约 330 t。

为保证压力容器筒体法兰与顶盖之间接合处的密封性，在它们之间装有两个因科镍制造的 O 形密封环，O 形环的结构如图 2.14 所示。

O 形环由因科镍-600 制成，表面镀银层，内置一个因科镍-718 绕成的弹簧，环外侧沿周向开有细缝。在连接顶盖与筒体法兰的螺栓拧紧后，O 形环受压变形，从而达到密封的效果。银层具有良好的弥合作用，弹簧提供了较好的回弹量。O 形环用压板固定在顶盖、法兰的密封槽中，为一次性用品，只要打开顶盖就需要更换新的 O 形环。

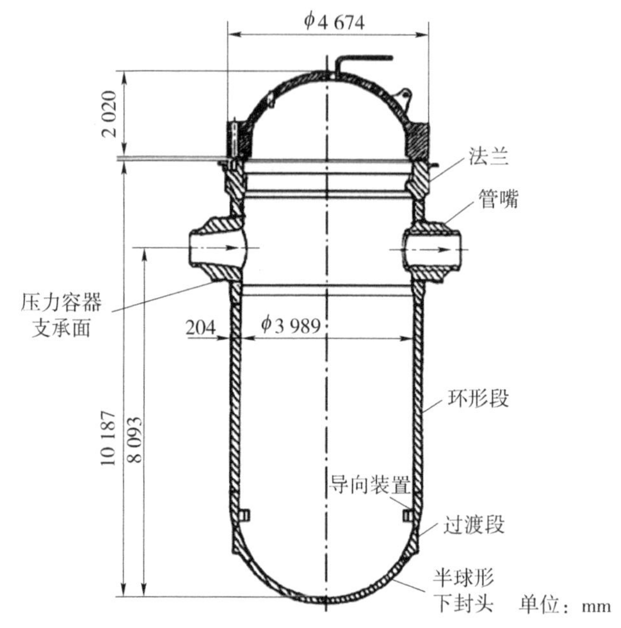

图 2.13　反应堆压力容器结构

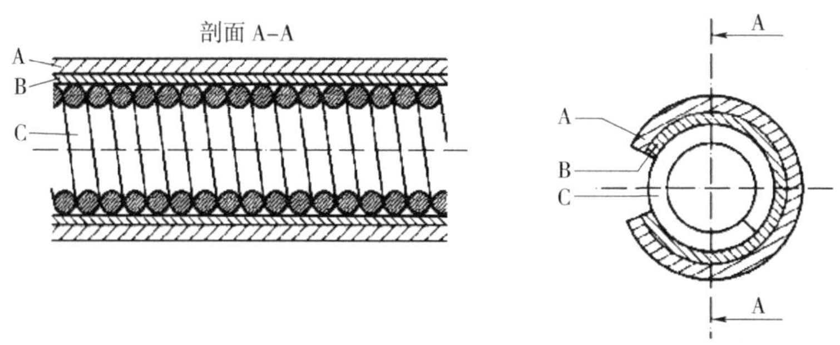

A—螺旋弹簧；B—中间O形环；C—密封O形环

图 2.14　O 形密封环结构

2.4.1.4　控制棒驱动机构

控制棒驱动机构是反应堆的重要动作部件，通过它的动作带动控制棒组件在堆芯内上下抽插，以实现反应堆的启动、功率调节、停堆和事故情况下的安全控制。

控制棒驱动机构要求：正常运行工况时，要求控制棒缓慢移动，行程约

10 mm/s；在快速停堆或事故工况时要求驱动机构在得到事故停堆信号后，即能自动脱开，控制棒组件靠自重快速插入堆芯，从得到信号到控制棒完全插入堆芯的紧急停堆时间一般 2s 左右，以保证反应堆安全。

目前全世界运行中的压水堆型采用的控制棒驱动机构类型主要有三类：磁力提升、滚珠螺母丝杠和齿轮齿条。前些年，在某些压水堆中常常同时选用磁力提升和齿轮齿条两种机构，以磁力提升作为全长控制棒组件的驱动机构，以齿轮齿条作为短棒组件的驱动机构。近年来，德、美、法等国的商业压水堆核电站均取消了短棒组件及其驱动机构，而只选用磁力提升作为全长控制棒组件的驱动机构。

磁力提升型控制棒驱动机构（图 2.15）与其他型式相比，具有结构简单、制造方便、提升力大、磨损小、寿命长、经济性好等优点。同时，即使关键零部件发生故障，也能快速停堆。因此，磁力提升型控制棒驱动机构得到了广泛应用。

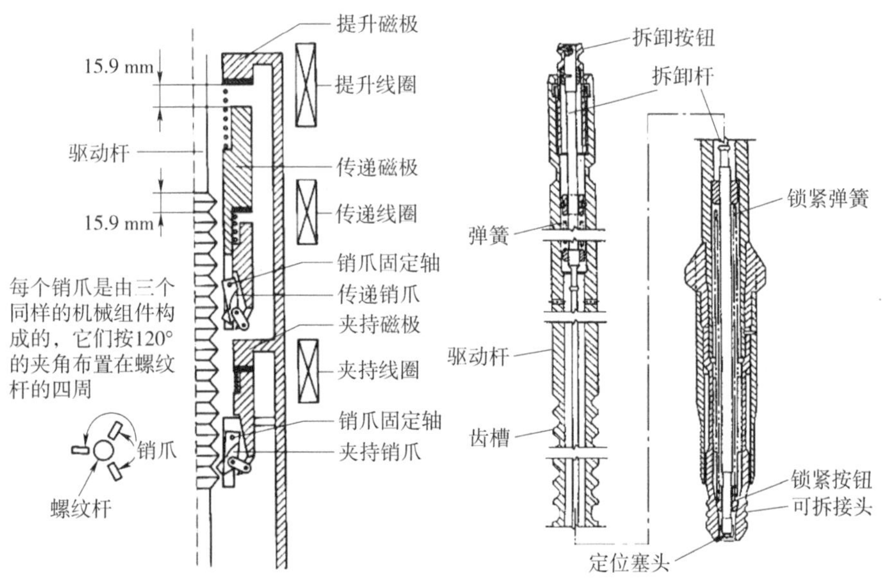

图 2.15　磁力提升型控制棒驱动机构结构示意图

2.4.2 反应堆冷却剂泵

反应堆冷却剂泵又称主泵。用于驱动反应堆堆内高温高压冷却剂进行强迫流动，将堆芯裂变过程中产生的热量传递给蒸汽发生器。

目前压水堆核电厂反应堆冷却剂泵主要有两种，一种为屏蔽电机泵，另一种为立式单级离心泵，又称轴封泵。反应堆冷却剂泵是核电厂中的核安全级设备，需满足下列要求：①可靠性高，故障维修率小；②冷却剂泄漏量尽可能小；③转动部件具有较大的惰转惯量，能在断电情况下，维持反应堆具有一段时间的惰转流量，将堆芯热量排出；④具有耐高温硼酸水腐蚀性的能力；⑤便于维修。

2.4.2.1 屏蔽电机泵

屏蔽泵长期应用于美国军方的核潜艇用反应堆，具有密封性能好、运行安全可靠的特点，但由于其效率低（比轴封泵低）、屏蔽电机造价昂贵、容量小、不宜安装飞轮、转动惯量小、维修不便等原因，在核电厂中已普遍被轴封泵取代。

西屋公司首次提出使用这种屏蔽电机泵的概念是在AP1000的应用上，在AP1000原型堆上的屏蔽电机泵经过重新设计，流量更大，流量减退时间更长；较之现役核电反应堆上使用的传统轴封泵，AP1000屏蔽电机泵惯量更大，可靠性更高，维修频率更低，可实现60年设计运行期间免维修；没有轴封密封，消除了由密封失效引发失水事故的可能，减少维修工作量；同时，屏蔽电机泵设置在每台蒸汽发生器的管头位置，具备安全性和高运行性能优势。

西屋公司设计的卧式屏蔽电机泵主要由水力部件、承压壳体、轴承、电动机等组成；泵的叶轮和电机转子连成一体；由装在一个能承受系统全部压力的密封壳体内的屏蔽电机驱动，如图2.16所示。电机的定子绕组按常规结构制造，由一层薄的屏蔽套使转子与电机线圈隔离，因此定子绕组是干的，没有放射性物质外漏的可能。为了使电机免受高温，叶轮上方设有隔热屏起热屏障作用。密封壳体外部盘绕蛇形管换热器，蛇形管外部通设备冷却水。蛇形管内部为一次侧冷却水。一次侧冷却水是与反应堆冷却剂连通的，所以蛇形管内压力就是一回路压力。一次冷却水从泵的右侧进入小叶轮，从小叶轮流出后沿定子与转子的间隙向左流动，吸收转子与定子的发热，并润滑止推轴承，最后进入蛇形管。

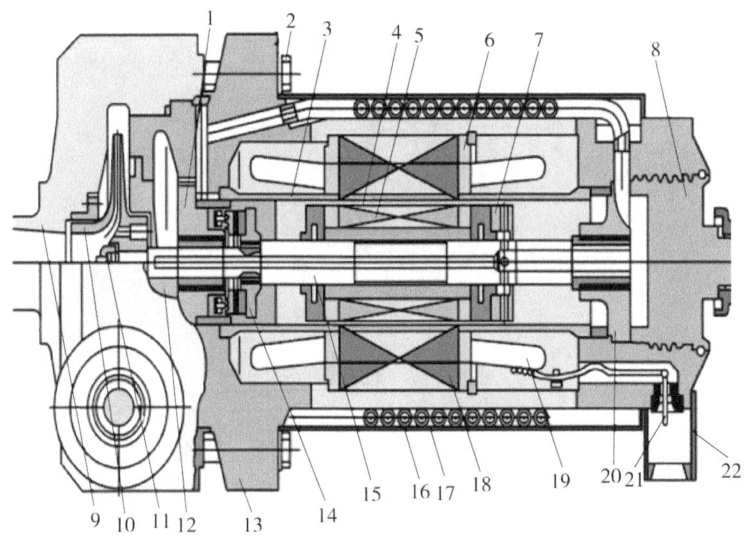

1—轴承；2—螺栓；3—屏蔽套；4—转子外套；5—转子；6—压紧弹簧；7—小叶轮；8—盖；9—泵壳体；10—叶轮；11—螺母；12—盖与迷宫密封件；13—电机壳；14—止推轴承；15—轴；16—外壳；17—蛇形冷却管；18—硅钢片；19—线圈；20—径向止推轴承；21—接线柱；22—接线盒。

图 2.16　屏蔽电机泵结构

2.4.2.2　轴封泵

压水反应堆轴封泵（又称主泵），是空气冷却、立式、单级、离心泵，带有可控泄漏轴封装置；如图 2.17 所示，具有以下特点：

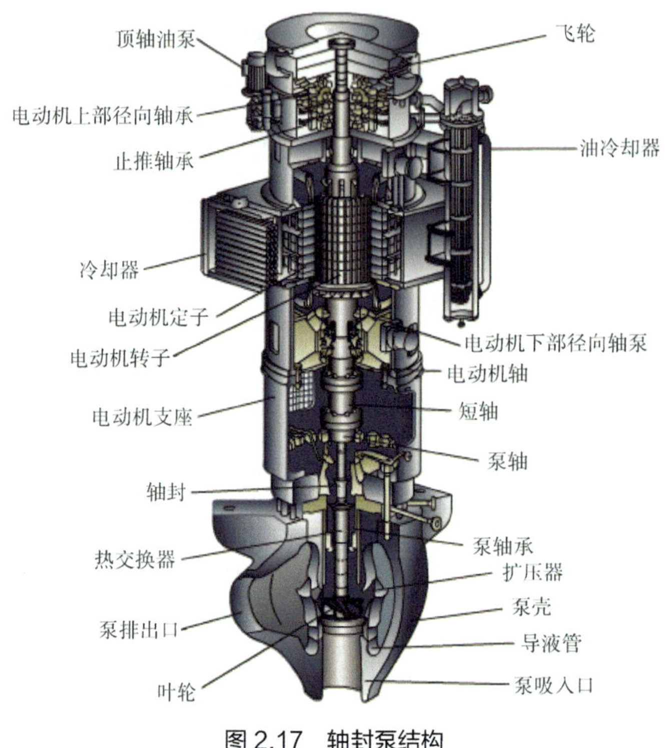

图 2.17　轴封泵结构

（1）采用普通的鼠笼式感应电机，成本降低，效率提高，比屏蔽电机泵效率高 10%～20%。

（2）电机部分装有一只很重的飞轮，提高了泵的惰转性能，从而提高了全厂断电事故时排出堆芯热量的能力。

（3）轴密封技术可严格控制泄漏量。

（4）维修方便，轴密封结构的更换仅需 10 h 左右。

现代压水堆核电厂使用最广泛的反应堆冷却剂泵是立式、单级轴封泵。从轴封泵的底部到顶部，由水力机械部分、轴封组件和电机 3 部分组成。采用立式放置，便于布置，减小反应堆厂房径向尺寸。

2.4.3 蒸汽发生器

蒸汽发生器是压水堆核电厂核电一回路与二回路的传热器件，主要功能是将一回路堆芯内产生的热量传给二回路，产生饱和蒸汽，同时将一回路中放射性的冷却剂与二回路中的冷却剂隔离开。

由于水受辐照后活化以及少量燃料包壳可能破损泄漏，加上一回路中的冷却剂具有放射性，因此蒸汽发生器传热管成为确保二回路设备不受放射性污染的防护屏障，成为核电厂第二道屏障的重要组成部分。蒸汽发生器传热管面积占一回路承压边界面积的 80%左右，传热管壁厚度一般为 1～1.2 mm。因而，传热管是整个一回路压力边界中最薄弱的部分。蒸汽发生器传热管的可靠性主要取决于传热管的完好性。只要有一根蒸汽发生器传热管断裂，就可能造成放射性物质的泄漏及反应堆停堆。

蒸汽发生器可按工质流动方式、传热管形状、安放形式以及结构特点进行分类。按照二回路工质在蒸汽发生器中的流动方式，可分为自然循环蒸汽发生器和直流（强迫循环）蒸汽发生器；按传热管形状，可分为 U 形管、直管、螺旋管蒸汽发生器；按设备的安放方式，可分为立式和卧式蒸汽发生器；按结构特点，还有带预热器和不带预热器的蒸汽发生器。目前压水堆核电厂使用较广泛的有 3 种，分别是立式 U 形管自然循环蒸汽发生器、卧式自然循环蒸汽发生器和立式直流蒸汽发生器，其中尤以立式 U 形管自然循环蒸汽发生器应用最为广泛。表 2.1 给出了几种主要蒸汽发生器的特征。

表 2.1　几种主要蒸汽发生器的特征

类别	放置	传热管	蒸汽	生产厂家或国家
自然循环	立式	U 形管	饱和汽	美国西屋公司、美国燃烧公司、法国、德国
	卧式	U 形管	饱和汽	俄罗斯
直流	立式	直管	微过热汽	美国巴布科克·威尔科克公司

2.4.3.1　立式 U 形管自然循环蒸汽发生器

图 2.18 给出了核电厂普遍采用的立式 U 形管自然循环蒸汽发生器的总体图。该蒸汽发生器由下封头、管板、U 形管束、汽水分离装置及筒体组件

等组成。来自反应堆的高温冷却剂经进口接管进入入口水室，然后进入U形管束，流经传热管时，将热量传给二次侧，冷却剂经出口水室离开蒸汽发生器。二次侧给水由水泵输送至给水接管，通过给水环分配到管束套筒与蒸汽发生器外筒体之间的环形下降通道内，在这里与汽水分离器分离出来的再循环水混合后，向下流动，在底部经管束套筒缺口折流向上，进入传热管束区，沿管间流道向上吸收一次侧的热量，被加热至沸腾，产生蒸汽。汽水混合物离开传热管束后进入第一级汽水分离器，由此分离出大部分水分，再进入由人字形板组成的第二级汽水分离器。分离出的水向下经输水管，与其他再循环水混合。经二次分离的蒸汽相对湿度降至0.25%以下，经出口管送往汽轮机。

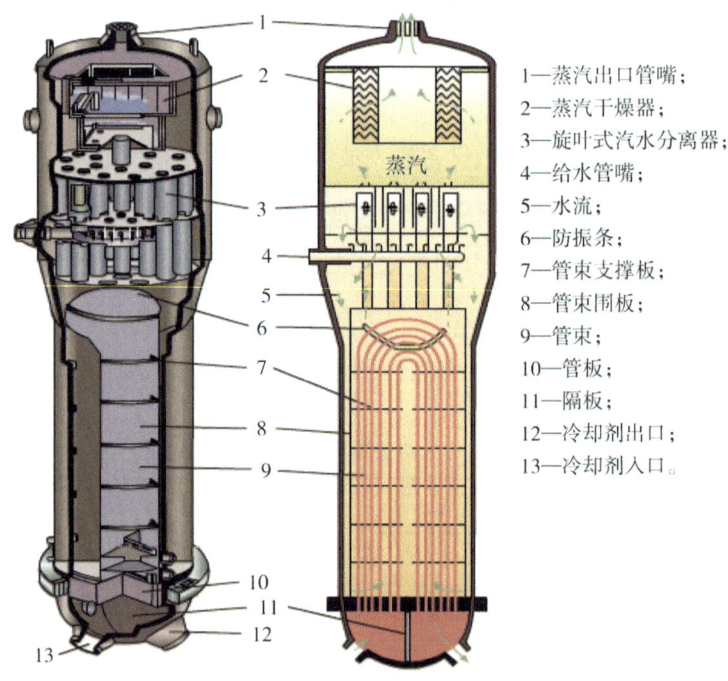

图2.18 立式U形管自然循环蒸汽发生器

2.4.3.2 卧式U形管自然循环蒸汽发生器

俄罗斯和东欧国家的压水堆核电厂中，广泛采用卧式自然循环蒸汽发生器。这种卧式U形管蒸汽发生器为水平放置的单壳体结构，结构如图2.19所示。

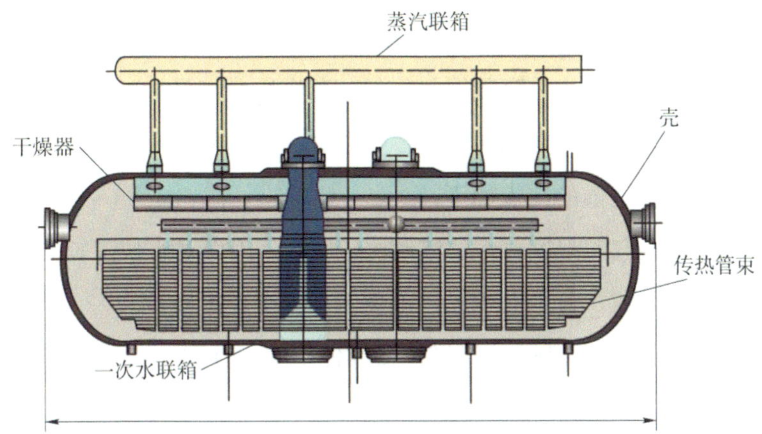

图 2.19　卧式 U 形管蒸汽发生器

给水预热、二次侧蒸汽的产生、汽水分离及蒸汽干燥都在一个蒸汽发生器外壳内进行。壳体由圆柱形筒体和封头组成。壳体沿高度方向分成（上部）汽水分离器，（下部）U 形管加热区。U 形管束固定在两个立式圆柱形联箱上。传热管束采用奥氏体不锈钢，管子内表面进行电化学抛光，外表面进行研磨，以提高管材的抗腐蚀能力。给水通过管束上方的给水总管进入蒸汽发生器。为了防止壳体产生过大的热应力，在给水总管贯穿壳体部位设有保护衬套。装在联箱上的给水分配短管垂直插入到 U 形管束中间，从给水总管来的给水通过这些多孔配水管进入换热器区域。这样附近的管排间隙就成为下降通道。其他管排间隙与管束与筒体的间隙即为上升通道。上升与下降通道不像立式自然循环蒸汽发生器的那样分明。正常水位一般控制在最上一排传热管以上 300～400 mm。设置在汽空间的百叶窗式汽水分离器用来提高蒸汽干度。在百叶窗汽水分离器的上方装备有集汽顶板。它是一块多孔隔板，用来使流向蒸汽母管的气流变得均匀、稳定。为保证水质，在壳体最低点设有连续排污管。

卧式蒸汽发生器的优点如下：

（1）没有水平管板，取而代之的是立式圆柱形联箱。在联箱表面不会形成滞流区。传热管根部具有一定的流速，杂质不会在这里沉积和浓缩，因而可避免传热管与联箱结合部位的腐蚀破裂。

（2）具有较大的蒸汽空间，单位蒸发面的负荷较立式蒸汽发生器的小，因而采用较简单的汽水分离装置就能保证蒸汽质量满足标准。

（3）采用奥氏体不锈钢传热管，可节省大量的镍金属，造价低廉。

卧式蒸汽发生器的缺点如下：

（1）出口蒸汽的湿度对水位波动比较敏感，因而对水位控制要求较高。

（2）卧式安放，占地面积大，不便于在安全壳内布置。

（3）受铁路运输限制，蒸汽发生器的体积不能过大，单台极限功率一般为200～300 MW。

2.4.3.3 直流蒸汽发生器

直流式蒸汽发生器（Once Through Steam Generator，OTSG），采用垂直逆流直管热交换器设计。

在直流式蒸汽发生器中，二次侧工质的流动靠水泵压头来实现强迫循环。由给水泵输送给水流经传热管，在热侧流体的加热下，给水经预热、蒸发、过热而达到所要求的温度。核电厂的直流蒸汽发生器能产生微过热的蒸汽，对于提高汽轮机工作的可靠性和提高循环热效率非常有利。因此直流式蒸汽发生器的主要特点是：强迫循环；产生微过热蒸汽；没有内部的水循环，给水一次流过加热面转变为蒸汽。

直流蒸汽发生器有管外直流和管内直流两类。管外直流蒸汽发生器是二回路工质在传热管外流动，而一回路冷却剂在传热管内流动，主要应用于压水堆核电厂。管内直流指二回路工质在传热管内流动，一回路冷却剂在管外流动，这种类型多用于核动力舰船。

直流蒸汽发生器由上封头、下封头、上管板、下管板、筒体、衬筒和管束组成。球形封头由低合金钢板冲压而成，一回路冷却剂进口接管位于上封头，出口接管位于下封头，上、下封头都开有检查孔和人孔，环形封头和进出口接管内表面都堆焊有不锈钢层；管板用低合金钢锻件制造，在与一回路冷却剂接触表面上堆焊与管材相同的材料；筒体采用碳素钢或低合金钢板卷板焊接而成；传热管目前均采用镍基合金。在管束上装有支撑板，其结构与立式蒸汽发生器相同。在传热管束外围有衬筒，衬筒与筒体间围成上下两段环形通道，其中上段为过热蒸汽的回流通道，下段为给水通道。

正常工况时，一回路冷却剂从顶部接管进入蒸汽发生器的上封头，向下流入传热管，将热量传给二回路工质，然后进入下封头，经出口接管流出。二回路给水进入蒸汽发生器后，经过衬筒和下管板间的间隙进入预热段，被加热后又沿着管束向上流动，被加热至沸腾状态，直到全部汽化为蒸汽，并达到过热状态。过热蒸汽经上衬筒和上管板间的间隙，折流向下进入衬筒和筒体间的环形通道，最后从过热蒸汽出口管引出。

图 2.20 为美国巴布科克·威尔科克（B&W）公司设计的直流蒸汽发生器原理图。这种直管型蒸汽发生器必须解决的一个问题是管束与筒体热膨胀差的补偿。本设计采用的是使用过热蒸汽加热筒体，即将过热蒸汽引到管束套筒与外筒体之间，并向下流动，适当选择蒸汽出口位置，即可使管束与筒体的热膨胀差达到允许水平。

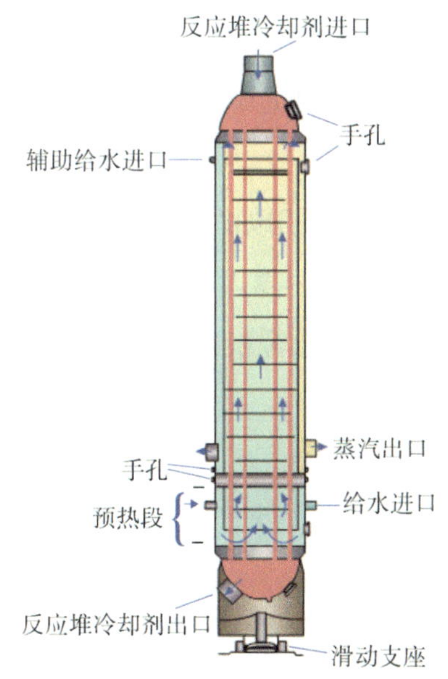

图 2.20　B&W 公司设计的直流蒸汽发生器

2.4.4 稳压器

稳压器的基本功能是建立并维持一回路系统的压力，避免冷却剂在反应堆内发生容积沸腾。稳压器在电厂稳态运行时，将一回路压力维持在恒定压力下；在一回路系统非稳定状态时，将压力变化限制在允许值以内；在事故发生时，防止一回路系统超压，维护一回路的完整性。此外，作为一回路系统的缓冲容器，吸收一回路系统水容积的迅速变化。

稳压器按原理和结构形式的不同可分为气罐式稳压器和电加热式稳压器两类。

气罐式稳压器的工作原理简单，实际上是一个容积补偿箱。由空气压缩机、气罐、空气联箱和相关的阀门管道组成。当稳压器压力降低时，向稳压器补充压缩空气；当稳压器压力高于整定值时，安装于空气联箱上的阀门开启放气，以恢复稳压器压力。气罐式稳压器由于具有靠气体体积的变化来控制压力，系统容积大；控制品质低；空气溶于水中，造成系统设备腐蚀等缺点，在核电厂已被淘汰。但因气罐式稳压器结构简单，所需辅助系统较少，在一些实验堆、生产堆和一些实验台架仍被广泛采用。

现代压水堆核电厂普遍采用电加热式稳压器。下面以大亚湾核电厂稳压器为例介绍电加热式稳压器。

现代的压水堆核电厂普遍采用如图 2.21 所示的电加热式稳压器。这种稳压器是一种立式圆柱形高压容器。其典型的几何参数为高 13 m，直径 2.5 m，上下端为半球形封头，总容积为 40 m^3，净重约 80 t。

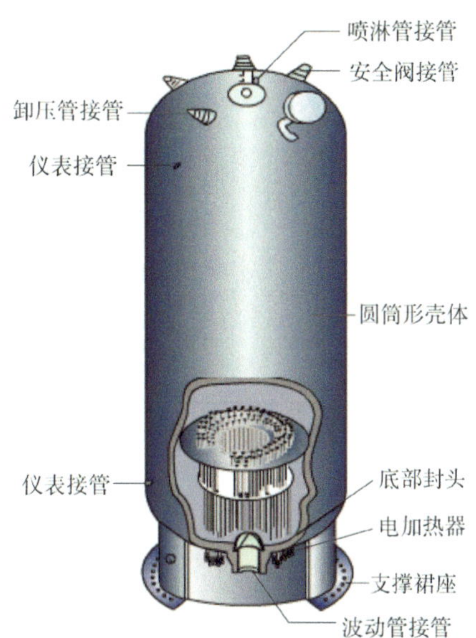

图 2.21　稳压器结构示意

在稳压器的底封头上安装有电加热器。加热器通过底封头插入，立式放置。两块水平板在容器内侧支撑加热器，以防止横向振动。波动管接在底封头的最低点，其正上方设有挡板式滤网，使水波动进、出稳压器并防止杂物进入反应堆冷却剂系统其他地方。喷淋水通过喷淋管末端的喷头喷入汽空间。喷淋管线与两个环路的冷管段连接。为了减小波动管和喷淋管线与稳压器本体关联处水温差别造成的热应力，在接管处设有热套管结构。

稳压器顶部的喷淋系统由两条接到两个环路冷管段的喷淋管线组成。每个喷淋管线上有一个自动控制的气动调节阀门，每个阀的最大喷淋流量为 72 m^3/h，喷淋降压速率为 1.3 MPa/min。此外，每条旁路管线装有一手动调节阀门，阀门设有一个保持小流量的下挡块，使阀门不能完全关闭，以保持管线上拥有 230 L/h 连续最小喷淋流量。稳压器喷淋系统管线布置如图 2.22 所示。

保持连续喷淋的目的是降低喷淋阀开启时对稳压器喷淋贯穿管和管嘴的热应力和热冲击；保持稳压器内水温与水化学的均匀一致；为调节组（比例组）电加热器提供一个调节基值功率。

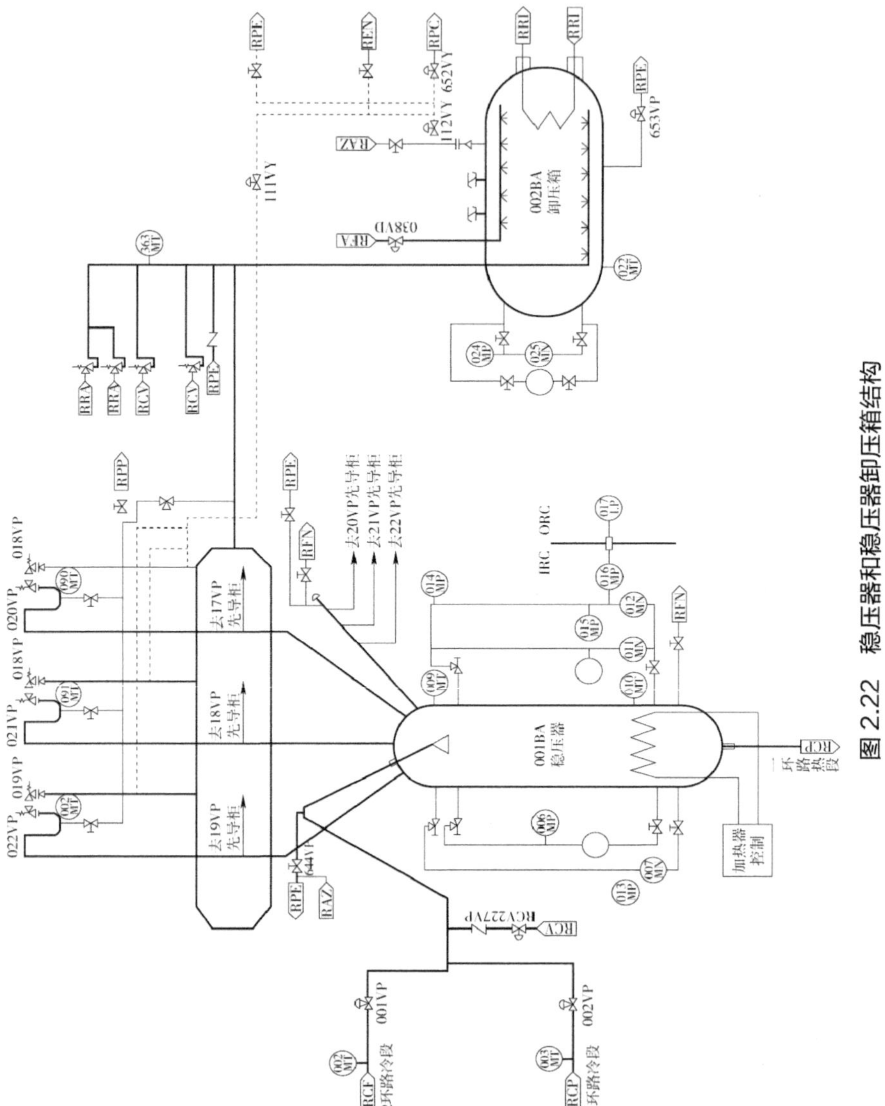

图 2.22 稳压器和稳压器卸压箱结构

喷淋的驱动力是反应堆冷却剂泵出口与稳压器喷头出口间的压差。喷淋管的取水端伸入到一回路冷管段内，呈勺形正对冷却剂来流，以便利用一回路反应堆冷却剂流动的速度头增加喷淋的驱动力。

在喷淋管路布置上，连接稳压器的公共喷淋管路呈倒 U 形，以便形成一个水封，防止蒸汽积聚在喷淋阀后。

与化容系统上充管线相连的辅助喷淋管线，通过一个逆止阀，在喷淋阀的下游与喷淋管路相连。在反应堆冷却剂泵停运期间，由上充泵提供辅助喷淋。

在每条喷淋管线上设有测温装置，以监测是否有喷淋流量，若温度过低，则表明连续喷淋流量不足。

（1）稳压器电加热

稳压器电加热器采用直接浸没式直管护套式电加热器。加热元件的护套管上端用塞子焊接密封，下端用连接管座密封。加热器的电阻丝用镍铬合金制造，周围用压紧的氧化镁与套管绝缘。

加热器通过焊接在稳压器下封头内侧的贯穿管套安装在稳压器内，由加热器和管套之间的焊接来保证密封，在停堆期间，在排空稳压器水后，每一根电加热器可单位倒换。加热器的最小设计寿命为有效工作 20 000 h，因此预计寿命为 20 a。

加热元件共 60 根，分为 6 组，总功率为 1 400 kW。其中 3～4 组为比例式电加热器，功率连续可调，每组有 9 根加热器，用于补偿稳压器散热损失和连续喷淋所引起的热量损失；其余 4 组为通断式加热器，功率为可调，在稳压器压力过低或水位过高时投入，以恢复压力或加热进入稳压器中的温度较低冷却剂；1～2 组有 9 根电加热器，每级功率为 216 kW；5～6 组有 12 根电加热器，可由应急电源供电，在厂外电源丧失 1 h 内可恢复稳压器压力。

（2）稳压器超压保护装置

图 2.23 为三里岛核事故前稳压器卸压管线的设计。稳压器汽空间连有两种卸压管线：一种是 3 条安全阀卸压管线，当稳压器压力达到各安全阀开启定值时，进行事故排放。另一种卸压管线上装有动力操作的卸压阀和电

动隔离阀，卸压阀的开启压力低于安全阀的开启压力，当压力升至卸压阀开启压力时，卸压阀开启，压力下降至一定值时，卸压阀回座，停止排放；当发生卸压阀不能回座故障时，操纵员可以在主控制室根据卸压阀开关状态指示人为关闭与之相串联的电动隔离阀，以防止出现卸压阀不能回座造成的泄漏事故。

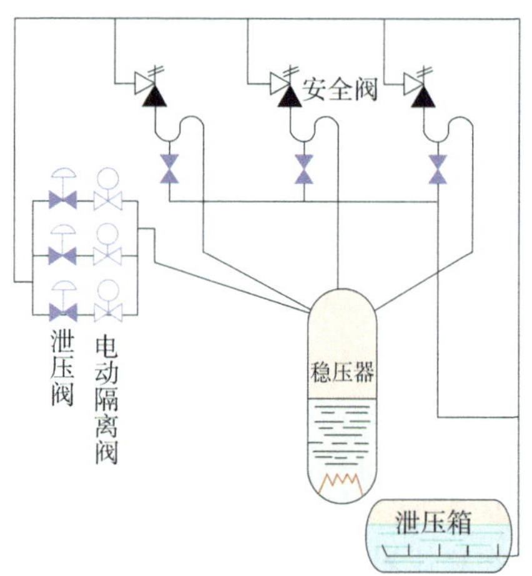

图 2.23　三里岛核事故前稳压器卸压管线的设计

三里岛核电厂事故中，一回路升压导致卸压阀开启，卸压阀回座失效，卸压阀缺乏位置指示和操作员未能及时发现卸压阀开启状态指示灯造成持续的泄漏事故，相当于小破口失水事故，这些充分暴露了超压保护装置的设计缺陷。法国电力公司以 SEIBIM 工厂制造的先导启动式阀门为基础，提出了由 3 条各装有两只串联先导启动式阀门组成的超压保护装置（SEBIM 阀）设计。超压保护系统的改进设计方案如图 2.24 所示。

（3）稳压器泄压箱

卸压箱是收集、冷凝和冷却稳压器安全阀、余热排出系统安全阀、化学容积控制系统安全阀的排汽以及一回路阀门的阀杆填料装置的泄漏物，以防止一回路冷却剂对安全壳造成污染，保持一回路压力边界的完整性。

卸压箱是一个卧式的低压容器，在它筒体的上部为氮气空间，装有一组喷雾器，筒体的底部沿轴线方向装有一根鼓泡管。卸压箱的结构如图 2.25

所示。卸压箱按照能接收 110%的稳压器蒸汽空间的蒸汽设计，即在开启 30 s 的时间内，卸压箱大约可接收 1 700 kg 蒸汽，在此情况下卸压箱内绝对压力不超过 4.5 MPa，温度不超过 93℃。

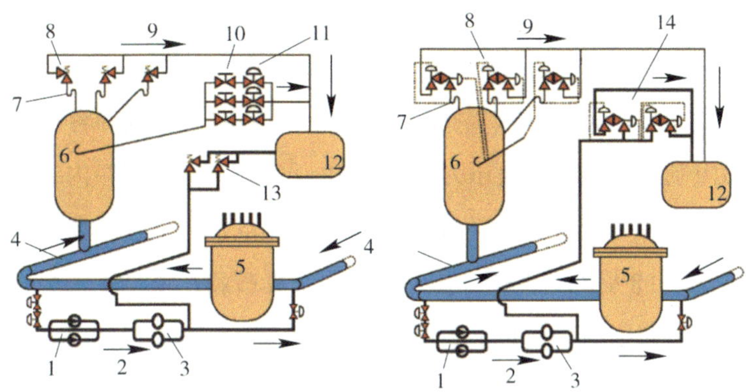

1—泵；2—余热排出循环；3—热交换器；4—反应堆冷却剂系统；5—反应堆压力容器；6—稳压器；7—水封；8—安全阀；9—卸放管线；10—隔离阀（开）；11—卸压阀（关）；12—卸压箱；13—余热排出安全阀；14—SEBIM 安全卸压阀。

图 2.24　压水堆核电厂超压保护改进前（左）后（右）方案

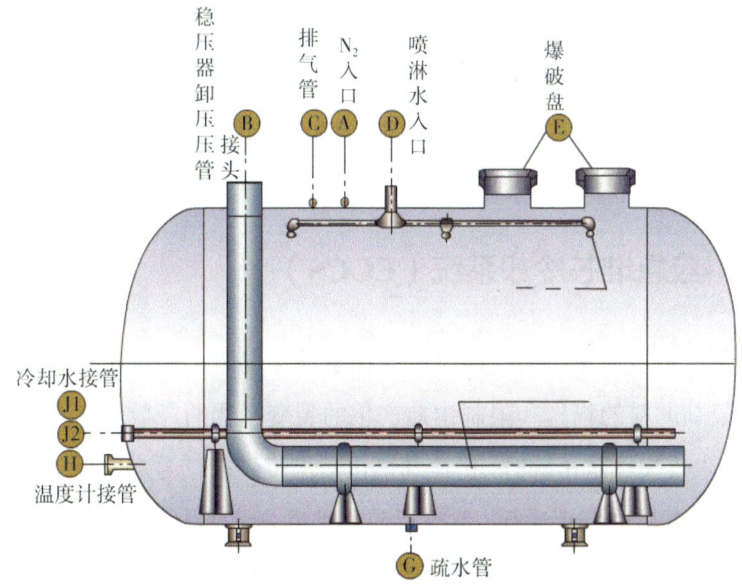

图 2.25　稳压器卸压箱的结构

卸压箱总容积约为 37 m^3，在正常状态下，箱内水位为总高度的 65%，水温维持在 40℃，上部充有氮气，额定绝对压力为 0.12 MPa。充氮的目的是防止由稳压器排放的蒸汽中含有的氢气与空气中的氧气混合产生爆炸，需定期从卸压箱内联样分析聚集的氢气和氧气的浓度，若箱内压力小于 0.12 MPa，由氮气分配系统充氮；若箱内压力高于 0.12 MPa，则释放蒸汽，由排汽管线将蒸汽排放到核岛排气和疏水系统。覆盖氮气的容积系统按一次排放后限制卸压箱内最大压力（0.45 MPa）来选择。卸压箱内装有两个爆破膜，其排放能力等于稳压器 3 个安全阀的排放能力，一个爆破膜在内部超压情况下（0.8 MPa）保护卸压箱；第二个爆破膜在反应堆安全壳内超压情况下，保护卸压箱，使其不被压坏。

2.5 专设安全设施

专设安全设施是专为限制反应堆事故后果而设置的安全系统。压水堆核电厂的专设安全设施有：应急堆芯冷却系统（亦称安全注射系统）、安全壳隔离系统、安全壳喷淋系统以及辅助给水系统。这些系统在反应堆发生诸如失水事故或蒸汽管道破裂事故时动作，并触发停堆，以确保事故不扩大或把事故后果的影响减到最小程度。

2.5.1 应急堆芯冷却系统（ECCS）

应急堆芯冷却系统的功能是确保在事故工况下，提供足够可靠的堆芯冷却，限制燃料的损伤和限制由此产生的裂变产物的释放，即在事故工况下，当发生丧失热阱事件时，由冷却剂出口温度过高信号触发反应堆紧急停堆，主循环泵自动停止运行，此时反应堆进堆总管压力降低，应急泵将堆池水输送到堆冷却剂进堆总管，保证堆内至少有充足冷却流量从上至下流经堆芯并带出堆芯释放的热量。

2.5.2 安全壳隔离系统（EIE）

在核电厂安全壳内发生失水事故或主蒸汽管道破裂时，安全壳隔离系统将安全壳内各个系统向安全壳外一切可能的联系通道关闭，以阻止或限制放射性物质向环境释放。

2.5.3 安全壳喷淋系统（EAS）

安全壳喷淋系统用于在失水事故和安全壳内主蒸汽管道破裂事故后降低安全壳内的峰值压力和温度以防止安全壳超压的系统。它是压水堆核电厂中的专设安全设施之一。

在发生失水事故时，由于在喷淋水中添加的化学药物（NaOH）能除去安全壳空气中的气体裂变产物，从而减少气态裂变产物（主要是元素碘）可能向环境的泄漏量。喷淋液最终集中于安全壳地坑中，添加的化学药物可以实现安全壳地坑水的化学控制，使其中水的 pH 控制在 8.5～10.5，这样可以长期滞留碘，并减少安全壳内设备的腐蚀，限制金属表面与喷淋液作用而产生氢。

安全壳喷淋系统通常由两个独立的、分隔的喷淋系列和一个共用的化学药物添加回路组成。两个喷淋系列可同时使用，以缩短处理事故的过程；其中任何一个系列失效时，都不会丧失系统的安全功能。

每个喷淋系列设置一台喷淋泵和一台喷淋热交换器。喷淋泵通常为离心式，每台泵设有小流量旁通管，以防止泵在无输出流量时发生热变形和损坏。喷淋泵应布置得低于安全壳地坑，以使泵有一定的净正吸入压头而避免发生汽蚀。某些核电厂的喷淋热交换器与余热交换器共用，也有一些核电厂不设置喷淋热交换器。化学药物储存箱内的药物通常为 NaOH 溶液，由喷射器利用喷淋泵进出口压差喷入水中。喷淋系统的喷嘴通常为离心式，典型的喷嘴口径约为 10 mm。喷嘴布置在安全壳内尽可能高的位置。为满足去除裂变产物的要求，喷淋液所覆盖的安全壳横截面积应达到 90%以上。喷淋液滴粒径一般不超过 100 μm。为降低安全壳压力，喷淋液滴应均匀分布在安全壳运行层以上至少 75%的净自由容积内。

2.6 反应堆核岛主要辅助系统

2.6.1 化学和容积控制系统（RCV）

化学和容积控制系统（简称化容系统）的主要功能如下：

（1）通过控制反应堆冷却剂的硼浓度，对堆芯进行反应性控制。

（2）维持稳压器的水位，控制一回路系统的水装量。

（3）对反应堆冷却剂的水质进行化学控制和净化，减少反应堆冷却剂对设备的腐蚀，控制反应堆冷却剂中裂变产物和腐蚀产物的含量，降低反应堆冷却剂的放射性水平。

（4）向反应堆冷却剂泵提供轴封水。

（5）为反应堆冷却剂系统提供充水和水压试验手段。

（6）对于上充泵兼作高压安注泵的化容系统，发生事故时用上充泵向堆芯注入应急冷却水。

2.6.2 余热排出系统（RRA）

核安全的主要问题之一就是要在任何情况下保证核燃料释热的疏导。在正常运行的情况下，核裂变和裂变产物衰变产生的热量是由一回路通过蒸汽发生器向二回路传递来释放的；当反应堆停堆时，虽然以裂变为机制的核功率很快就消失了，但由裂变而生成的裂变碎片及它们的衰变产物在放射性衰变过程中释放的热量还存在，这就是剩余功率（图 2.26）。

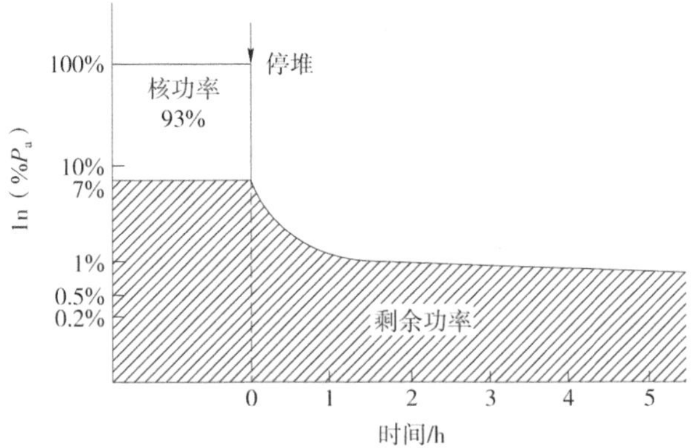

图 2.26　反应堆停堆后的剩余功率

余热排出系统又叫作停堆冷却系统。当反应堆停堆后，最初仍由蒸汽发生器将剩余功率一部分热量导出，当二回路不能再运行时，即由余热排出系统导出这部分热量，保证反应堆的冷却。2011 年 3 月发生的日本福岛核事故中，由地震造成的海啸等灾害导致福岛第一核电厂的外电网全部瘫痪，其自身的应急柴油发电机在运行 1 h 后，也因为海啸的袭击而全部失效，这就导致数台机组失去所有外部电源的供应，堆芯失去强迫冷却手段。此次事故中由于余热排出系统的失灵，数台机组反应堆的余热在数月过后依然无法有效排出。

2.6.3　设备冷却水系统（RRI）

设备冷却水系统是一个非安全相关的封闭回路的冷却水系统，它在核电厂运行的各个阶段，包括停堆和事故之后，是向需投入使用的设备提供冷却水的系统，把那些可能含有放射性水的如反应堆冷却剂系统、化容系统、余热排出系统产生的热量排到厂用水系统，再经厂用水系统的热交换器将热负荷传递至最终热阱，如海水。因此，设备冷却水系统在含有放射性的系统和外界环境之间起到一个屏障的作用，以避免放射性水向环境泄漏。

2.6.4 重要厂用水系统（SEC）

重要厂用水系统的主要作用是冷却设备冷却水，将设备冷却水系统传输给的热量排入海水，此系统又称为重要生水系统，是核岛的最终热阱。为了保证对设备冷却水的冷却，重要厂用水系统在运行的系列和运行泵的数目方面，须与设备冷却水系统相匹配：①当机组处于正常功率运行时，一个系列的一台泵运行即可，另一系列处于停运状态；②在机组启动阶段（加热升温阶段），最多只要求一个系列的两台泵运行，另一个系列处于备用状态；③在停堆后的冷却降温阶段，一个系列的两台泵和另一系列的一台泵同时投入运行；④在停堆后 48 h 保持冷停堆状态下，只需一个系列的两台泵工作已足够。

重要厂用水系统与设备冷却水系统一样，是专设安全设施系统的支持系统，无论在电厂正常运行还是事故工况下，该系统都必须将设备冷却水系统传输的热量排入最终热阱，如海水。

由于本系统属于安全相关系统，所以在设计上考虑了系统的冗余性和独立性。即该系统由互相独立的、互不影响的两个系列（A 系列和 B 系列）组成。每个系列包括一台厂用水泵、一台过滤器及相关的阀门和仪表。在每个系列的设备冷却水系统热交换器的上游和下游管道之间设置有连通管，从而两个厂用水泵中的任何一个都可以将冷却水输送给两个热交换器中的任何一个，并且允许任意一个热交换器通过平行布置的另一个热交换器的排水管排到循环水系统水管中。

该系统每个系列由两台 100%容量的 SEC 泵从海水过滤系统吸入海水，然后经过 SEC 通道、贝类捕集器和两台并联 RRI/SEC 热交换器，从热交换器中带走热量的海水；将冷却后的海水排入 SEC 集水坑再由排水管将其排往排水渠入海。本系统为直流式的海水回路。

厂用水泵位于海水取水构筑物的厂用水泵房内。当核电厂位于内陆厂址时，海水取水构筑物由带有分隔槽的两单元冷却塔代替，通过冷却水塔将厂用水的热量排放到环境；位于汽轮机发电厂房的厂用水泵从厂用水冷却塔底座中的管道吸水。厂用水经泵加压后，经过滤网过滤，输送到设备冷却水热交换器，排出设备冷却水系统的热量。在标准设计中，经热交换器中加热的厂用水通过机力通风的冷却水塔，将系统热量排放到大气中。在冷却塔基座上回收的冷却水流经泵吸入管线上的固定滤网进入泵，从而在系统中进行重新循环。

2.7　反应堆二回路蒸汽系统与设备

2.7.1　核电厂汽轮机组

汽轮机是利用蒸汽的热能来做功的旋转机械，因此它的工作原理是基于热能转换为机械能的理论，汽轮机布置如图 2.27 所示。汽轮机一般由包容蒸汽的汽缸和转轴以及由组成蒸汽通道的动、静叶栅等组成。现代汽轮级均为多级汽轮机，由若干级组成。级是汽轮机最基本的工作单元，汽轮机的热功转换就是在各个级内进行的。它是由固定在汽缸中的一列喷嘴叶栅和其后固定在叶轮上的一列动叶栅组成。喷嘴叶片沿圆周排列固定在静止的汽缸上，组成蒸汽通道的喷嘴通道，流通截面沿蒸汽流动方向逐渐收缩（或缩放），动叶片沿圆周排列固定在转动的叶轮上，而叶轮又固定在轴上，随轴转动。

汽轮机主要分为以下几类。

按用途可分为：电厂汽轮机；工业汽轮机；船用汽轮机等。

按热力过程特性可分为：凝汽式汽轮机；背压式汽轮机；调节抽汽式汽轮机；中间再热式汽轮机。

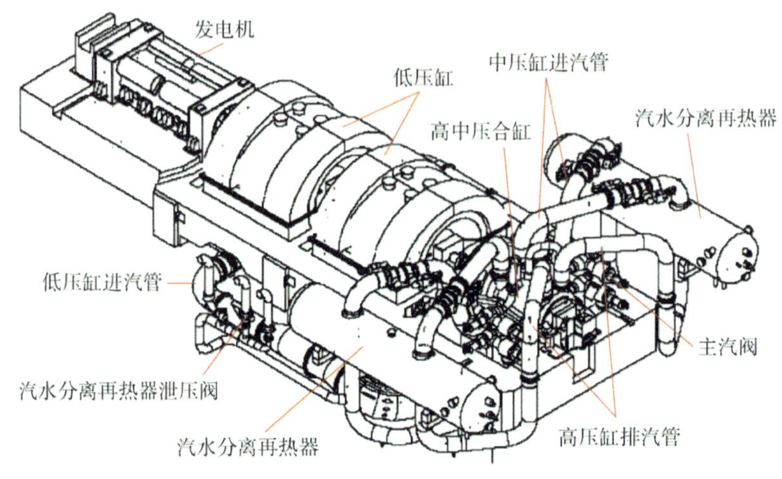

图 2.27 汽轮机布置

按工作原理可分为：冲动式汽轮机；反动式汽轮机；混合式汽轮机。

按新蒸汽压力可分为：低压汽轮机，新蒸汽压力为 1.2～2 MPa；中压汽轮机，新蒸汽压力为 2.1～8 MPa；高压汽轮机，新蒸汽压力为 8.1～12.5 MPa；超高压汽轮机，新蒸汽压力为 12.6～15.1 MPa；亚临界汽轮机，新蒸汽压力为 15.1～22 MPa；超临界汽轮机，新蒸汽压力为 22.12 MPa 以上。

按汽轮机转速可分为：全速汽轮机，转速为 3 000 r/min，对应是 50 Hz 的电网，或者 3 600 r/min 对应是 60 Hz 的电网；半速汽轮机，转速为 1 500 r/min，对应是 50 Hz 的电网，或者 1 800 r/min 对应是 60 Hz 的电网。

对于轻水堆核电厂，多数采用饱和蒸汽汽轮机，与常规电站汽轮机相比，核电厂汽轮机的主要特点有：

（1）蒸汽参数低

压水堆核电厂采用间接循环，二回路新蒸汽参数受一回路温度限制，而一回路温度又与一回路压力密切相关。一回路压力还受到反应堆压力容器设计限制。为了保证反应堆的安全稳定运行，不允许一回路冷却剂沸腾（过冷水）。即一回路冷却剂温度取决于一回路压力，而一回路压力应按照反应堆压力容器的计算极限压力选取。另外，核燃料芯块的锆合金包壳与水的相容温度不允许超过 350℃。况且，水的临界温度为 374.15℃，因而一回路冷却剂温度提高有限。因此压水堆核电厂二回路的蒸汽参数不可能取高。通常，蒸汽压力为 5.0～7.0 MPa，温度为 26～285℃。与火电厂的高蒸汽参数汽轮机相比，核汽轮机的蒸汽可用比焓降仅为火电厂机组的一半左右，因此，①汽耗率约比常规电厂高一倍；②与高参数汽轮机相比，低压缸发出的功率较大，达到整个机组功率的 50%～60%，而高参数机组中，低压缸仅占 20%～30%。这样，低压缸的效率对整机的效率有更大的影响；③排汽速度损失对效率有较大影响，这要求增大排汽流通截面以降低排汽速度。

（2）体积流量大

由于蒸汽参数低，蒸汽可用比焓降小，加之为了降低投资将单机功率取得较大，这都导致核汽轮机组的体积流量大，反映到核汽轮机配置和结构上。① 600～800 MW 核电机组高压缸也做成双流；② 通常只设高压缸和若干低压缸，不设中压缸；③ 低压缸体积流量大，要求增加排汽口数和排汽截面以及采用更长的末级叶片。考虑到汽轮机轴长度限制，低压缸排汽口不多于 8 个，因为排汽口再多，轴长度增加导致较大的径向相对膨胀间隙而使效率降低。

（3）核汽轮机组多数级工作在湿汽区

饱和汽轮机组需采取除湿措施，以提高效率和保障安全运行，高压缸中的湿度是核汽轮机特有的，高压缸内除湿、水滴分布等问题尚需进一步研究。

（4）采用汽水分离器

由于新蒸汽是饱和汽，膨胀后即进入湿汽区，为保证汽轮机安全经济运行，在蒸汽经过高压缸后，对高压缸排汽进行汽水分离再热，以保证低压缸的效率和安全性。因而，饱和汽轮机组无例外地设有汽水分离再热器。这也是与火电机组的重要区别之一。

（5）易超速

由于核汽轮机组多数级工作在湿蒸汽区，通流部分及管道表面覆盖一层水膜，发生机组甩负荷时，压力下降，水膜闪蒸为汽，导致汽流速骤增，这是核汽轮机组易超速的主要原因。

2.7.2 主蒸汽系统（VVP）

主蒸汽系统是用来将蒸汽发生器产生的新蒸汽输送到主汽轮机及其他用汽设备和系统。这些设备和系统如下：主汽轮机高压缸，汽轮机轴封系统，汽水分离再热器系统，蒸汽旁路排放系统，主给水泵汽轮机，辅助给水泵汽轮机、除氧器、蒸汽转换器等。

在安全方面，主蒸汽系统与主给水系统、辅助给水系统及蒸汽旁路系统配合用于在电站正常运行工况、事故工况下排出一回路所产生的热量，并用以产生保护信号（如紧急停堆、安全注入等）。

大亚湾核电厂主蒸汽系统流程如图 2.28 所示。每台机组由 3 台蒸汽发生器提供新蒸汽。从每台蒸汽发生器顶部引出一根蒸汽管道。3 根主蒸汽管分别穿过反应堆厂房（安全壳），经过主蒸汽隔离阀管廊后进入汽轮机厂房，然后合并为一根公共蒸汽集管，再将蒸汽从蒸汽集管引向各用汽设备及系统。

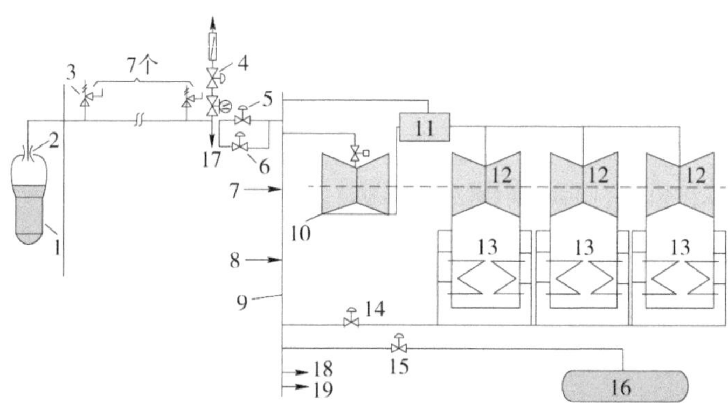

1—蒸汽发生器；2—限流器；3—安全阀；4—大气释放阀；5—主蒸汽隔离阀；6—主蒸汽隔离旁通阀；7、8—2、3 号蒸汽发生器主蒸汽管线；9—蒸汽母管；10—高压缸；11—汽水分离再热器；12—低压缸；13—凝汽器；14—通向凝汽器的蒸汽排放阀；15—通向除氧器的蒸汽排放阀；16—除氧器；17—辅助给水泵汽轮机；18—去主给水泵汽轮机；19—去汽轮机轴封供汽。

图 2.28 主蒸汽系统示意

每根主蒸汽管道上装有 7 个安全阀、一个向大气排放系统的接头、一个向辅助给水泵汽轮机供汽的接头、一个主蒸汽隔离阀及其旁路阀。大气排放系统接头和辅助给水泵汽轮机供汽接头之所以要接在主隔离阀的上游，是考虑到当主蒸汽隔离阀关闭时大气排放系统和辅助给水系统还能工作。

在主蒸汽隔离阀两侧还接有一条旁路管线，其上装有一个气动隔离阀和一个气动控制阀，用于在电站启动期间开启主蒸汽隔离阀时平衡主蒸汽隔离阀两侧的蒸汽压力以及在二回路管线暖管时提供暖管蒸汽。

在主蒸汽隔离阀上游还接有一个疏水管线，以便于在主蒸汽隔离阀关闭时排出蒸汽管中的疏水，疏水收集在疏水罐中，正常情况下排放到冷凝器中，当冷凝器不可用时，疏水排往常规岛废液排放系统。

蒸汽集管汇集 3 台蒸汽发生器的蒸汽，并平衡 3 台蒸汽发生器的压力及汽轮机进口的压力和分配蒸汽。从蒸汽集管上引出 4 根管道向汽轮机高压缸供汽。从蒸汽集管两头的延伸管引出 12 根通往冷凝器的蒸汽排放管以及去主给水泵汽轮机、除氧器、蒸汽转换器、汽水分离再热器和轴封系统的供汽管。最后两条延伸管由一根平衡管线连接在一起。

在蒸汽集管上，接有 3 根疏水管线，正常情况下，疏水经疏水器排入冷凝器，在低负荷情况下，开启疏水器的电动旁路阀进行大流量疏水。

2.7.3　蒸汽旁路排放系统（GCT）

蒸汽旁路系统又称为蒸汽排放系统，蒸汽旁路排放系统是为适应机组的启、停、功率调节及事故处理的需要而设置的，用于导出一回路的热量。当反应堆热功率与汽轮机功率不一致时，该系统可为反应堆提供一个人为的负荷，从而达到反应堆负荷与汽轮机功率相适应之目的。其具体功能可归纳如下：

（1）允许紧急停堆或大幅度甩负荷时，避免一回路过热和主蒸汽安全阀起跳，并维持一回路平均温度在规定值上。

（2）允许在一定条件下（小于40%额定负荷）汽轮机跳闸，而不引起反应堆紧急停堆。

（3）在反应堆启、停过程中（反应堆余热排出系统RRA未投入或已退出）导出堆内热量。

本系统为部分和安全相关系统，旁路系统不适宜的投入（如一个阀门意外打开等）相当于二回路一个蒸汽破口，造成一回路过冷。

二代核电厂的蒸汽旁路排放系统由冷凝器排放系统、除氧器排放系统和大气排放系统3部分组成，如图2.29所示。

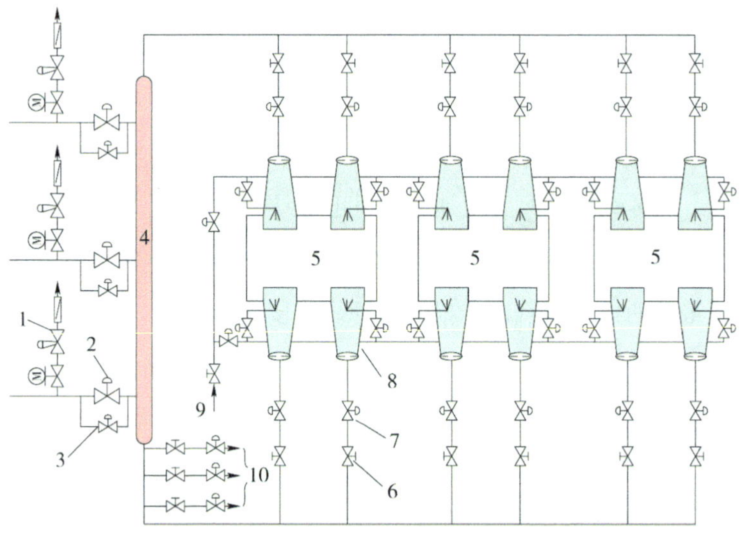

1—大气释放阀；2—主蒸汽隔离阀；3—主蒸汽隔离旁路阀；4—蒸汽母管；5—凝汽器；6—隔离阀；7—排放控制阀；8—扩压器；9—凝结水；10—到除氧器的排放管线。

图2.29 蒸汽旁路排放系统示意

2.7.4 汽水分离再热器系统（GSS）

来自蒸汽发生器的饱和汽进入高压缸膨胀做功，蒸汽的压力和温度逐级降低，汽的湿度增大。蒸汽在高压缸做完功后，其排汽湿度已达到12.2%。

如果不采取措施，继续送往低压缸做功，低压缸末级蒸汽湿度可能达到 30%左右，远超出 12%～15%的允许值，将危及汽轮机的安全运行。因此，在高、低压缸之间设置了 2 台并列的汽水分离再热器。

汽水分离再热器其功能是：

（1）除去高压缸排汽中的水分，降低低压汽缸内蒸汽湿度，改善汽轮机的工作条件，提高汽轮机相对内效率，防止和减少湿蒸汽对汽轮机零部件的腐蚀。

（2）提高进入低压缸蒸汽的温度，使其具有一定的过热度，做功能力得到提高。

现代核电厂普遍采用一体化的汽水分离再热器，按结构型式，有卧式和立式的两种。美国、法国、日本等国家采用卧式，而德国、俄罗斯则采用立式汽水分离再热器。

复习思考题

1. 我国核电发展的主力是哪种堆型，其总体发展方向是什么？

2. 核电站安全系统可以分为哪几类，非能动安全系统的主要特点是什么？

3. 一回路的主要设备有哪些，一回路中冷却剂的主要作用是什么？

4. 核电厂厂址选择需要考虑哪些因素，从人口分布的观点如何对核电厂厂址进行评价？

5. 简述数压水堆核电站的基本组成及工作原理。

6. 反应堆冷却剂系统的功能是什么？为实现其功能，主冷却剂系统的基本组成是什么？

7. 余热排出系统的功能是什么？核电厂一回路系统为什么要设计余热排出系统？

8. 核电厂二回路汽轮机组如何进行分类？

第 3 章　重水堆核电厂

重水堆是以重水作慢化剂可以直接利用天然铀作为核燃料的反应堆。重水堆可用轻水或重水作冷却剂，重水堆分压力壳式和压力管式两类。

3.1　重水反应堆简介

重水堆主要是由加拿大开发的专门用于核能发电的压力管式重水反应堆（Canada Deuterium Uranium，CANDU），也叫 CANDU 堆。第一座示范 CANDU 堆于 1962 年建成并投入运行。CANDU 机组大部分建在加拿大，近年来发展到韩国、阿根廷、罗马尼亚和中国等国家。我国已建成和在建的核电机组中，秦山三期核电站的两台机组是唯一的 CANDU 堆型重水反应堆，其余都为压水堆。图 3.1 为重水堆核电站厂貌。

图 3.1　重水堆核电站厂貌

重水的化学性质接近于轻水，但物理性质有所不同，在中子吸收截面上相差较大。重水是由一个氧原子和两个氘原子组成的化合物（D_2O），D（氘）是H（氢）的同位素。重水是很好的慢化剂，与轻水（H_2O）相比，它的热中子吸收截面约为轻水的1/700。重水中氘原子的质量是氢原子质量的2倍，D_2O 慢化中子的能力不如 H_2O，快中子在重水中慢化成热能中子要比在轻水中经历更多次数的碰撞和更长的行程。因此同样功率的重水堆要比轻水堆的堆芯大，这使得压力容器的制造困难。

重水具有与轻水相近的优良热物理性能，是很好的冷却剂。但是作为核反应堆的慢化剂和冷却剂，重水的纯度必须大于等于99.75%。中子在重水慢化剂中的伴生吸收损失较小，因此重水堆能有效地利用天然铀，可以从每吨天然铀中获取较多的能量。从重水堆中卸出的燃料烧得较透，乏燃料可以储存起来，等到快中子增殖堆需要时再提取其中的钚。使燃料循环大大简化。重水堆中需要的天然铀量最小，生成的钚一部分在堆内参加裂变而烧掉，其余的包含在乏燃料中。重水堆单位能量的净钚产量高于除了天然铀石墨堆外的其他热中子反应堆，约为压水堆的两倍。由于重水本身成本较高，使重水堆的推广应用受到一定限制。

重水堆按其结构形式可分为压力容器式和压力管式两种。压力容器式重水堆的结构类似压水堆，只不过慢化剂和冷却剂都是重水。压力容器式重水堆的堆内结构材料比压力管式的少，中子经济性好，可达到很高的转换比。但压力容器式天然铀重水堆的最大功率受到厚壁容器制造能力的限制。压力管式重水堆只有压力管承受高压，而容器不承受高压，因此其功率不受容器制造能力的限制。压力管式的重水堆用重水作慢化剂，冷却剂可以是重水轻水或有机化合物。目前重水堆达到商用的只有加拿大发展的压力管卧式重水堆，称为加拿大重水铀反应堆型重水堆，CANDU型重水堆的结构形式如图3.2所示。

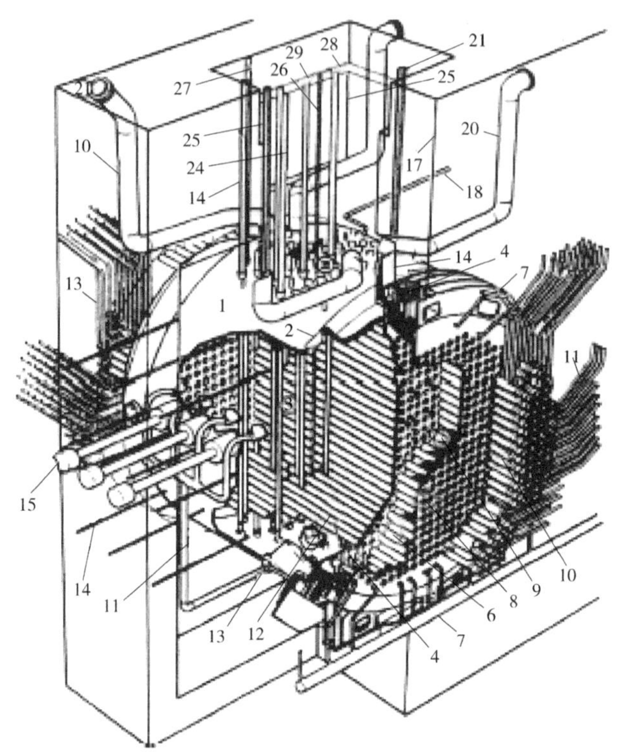

1—排管容器；2—排管容器外壳；3—压力管；4—嵌入环；5—侧管板；6—端屏蔽延伸管；7—端屏蔽冷却管；8—进出口过滤器；9—钢球屏蔽；10—端部件；11—进水管；12—慢化剂出口；13—慢化剂入口；14—通量探测器和毒物注入；15—电离室；16—抗阻尼器；17—堆室壁；18—通到顶部水箱的慢化剂膨胀管；19—薄防护屏蔽板；20—泄压管；21—爆破膜；22—反应性控制棒管嘴；23—观察口；24—停堆棒；25—调节棒；26—控制吸收棒；27—区域控制棒；28—垂直通量探测器。

图 3.2　CANDU 型重水堆的结构

CANDU 型重水堆的压力管把重水冷却剂和重水慢化剂分开，压力管内流过高温高压（温度约 300℃，压力约 10 MPa）重水作为冷却剂，压力管外是处于低压状态下的慢化剂，盛装慢化剂的大型卧式圆柱形容器称为排管容器。排管容器设计成卧式的目的是便于设备布置及换料维修。排管容器中的慢化剂由一个慢化剂冷却系统进行冷却，带走中子慢化过程中产生的热量。

3.2 国内外重水堆发展现状

3.2.1 世界重水堆发展现状

从 20 世纪 50 年代起，加拿大原子能有限公司（AECL）就开始研究重水慢化天然铀反应堆。到 1962 年，加拿大建成第一座示范性重水堆核电站——NPD，净功率达到 20 MW。1967 年又建成了第一座 206 MW，CANDU 原型堆——道格拉斯核电站。

随着时代进步，根据市场的需求，加拿大随后推出 CANDU-3、CANDU-6、CANDU-9 三种系列重水堆核电站。CANDU 反应堆的设计一直在改进中，吸收了各国的建造经验，形成了满足三代反应堆要求的增强型 CANDU-6。CANDU-6 目前是 CANDU 型电站的主要产品，我国秦山三期核电站目前使用的就是 CANDU-6 堆型。

2007 年 10 月加拿大原子能有限公司已在其原有的 CANDU 反应堆基础上，设计出“三代加”（GEN Ⅲ+）的先进坎杜反应堆（ACR-1000）核电机组，以满足未来市场的需求。

CANDU-SCWR 是由加拿大原子能公司提出的满足四代堆要求的压力管式超临界水冷堆型，它以重水为主要的慢化剂，超临界水为冷却剂，既具有超临界水堆的易裂变燃料转换比与核燃料利用率较高的长处，又保留了传统 CADNU 堆换料灵活，慢化剂作为热阱带来的固有安全性等特点，这就相当于 CADNU 燃料效率与超临界水热效应的叠加。

3.2.2 我国重水堆发展现状

2012 年 3 月，中核集团所属的秦山三核、核动力院、中核北方与加拿大坎杜能源公司（Candu Energy）签署了《先进燃料重水堆开发合作协议》，四方合作开展先进燃料重水堆研究论证工作。

先进燃料重水堆，即 AFCR （Advanced Fuel CANDU Reactor），是在

CANDU-6 的基础上，可直接利用回收铀并充分汲取福岛教训的先进重水堆。AFCR 相比于 CANDU-6，安全性更高、经济性更好、可直接利用回收铀；AFCR 设计满足中加两国最新核安全法规标准要求，满足三代核电安全目标值。

2003 年 7 月 24 日，我国首座商用重水堆核电站——秦山三期核电站全面建成投产，该工程是国家“九五”期间重点建设项目，也是中国和加拿大两国政府间迄今最大的贸易项目。该电站采用加拿大 CANDU-6 重水堆核电技术，建造两台 700 MW 级核电机组，设计寿命 40 a，设计年容量因子 85%，每千瓦造价 1 791 美元。

秦山三期核电站运行业绩的持续提升，电站的安全性能不断提高。针对性的变更改造使电站的许多安全相关系统的性能得以极大改善，提高了机组的整体安全性能。电站的运行业绩不断改善，运行性能不断提高。

3.2.3 CANDU-6 堆型和 ACR-700 堆型

3.2.3.1 CANDU-6 堆型

加拿大重水铀反应堆称“CANDU 反应堆”或是“坎度堆”，是加拿大原子能有限公司、安大略水电公司和加拿大通用电气联手于 1954 年开始研发的压水式重水反应堆。SNC-Lavalin 于 2011 年买下 CANDU 反应堆的技术。CANDU 反应堆使用重水当作中子减速剂和反应堆冷却剂，核燃料使用未经浓缩的天然铀矿，甚至可以直接使用混合氧化物核燃料（MOX fuel）或是再处理铀当作燃料。

有两种主要类型的 CANDU 反应堆，最初的设计大约 500 MW，旨在用于大型工厂的多反应堆装置，以及 600 MW 级的合理化 CANDU-6，设计用于单一独立单元或小型多单元工厂。CANDU-6 机组在魁北克和新不伦瑞克以及巴基斯坦、阿根廷、韩国、罗马尼亚和中国建成。

CANDU-6 型重水反应堆采用水平压力管栅式结构，共有 380 个相对独立的燃料通道，以天然铀为核燃料 CANDU 型重水堆使用的核燃料是天然铀，把它做成 UO_2 芯块后放在锆合金包壳内构成外径为 13.08 mm、长度为 49.5 cm 的元件棒，再由 37 根元件棒组成直径为 10.2 cm、长度为 50 cm 的燃料元件束，堆芯由 380 根带燃料元件束的压力管排列而成，每根压力管内首尾相接地装有 10～12 个燃料元件束。为了防止热量从高温高压的重水冷却剂中传出来，在每根压力管外设置一同心套管（图 3.3），在此两管的环状空间中充有 CO_2 作为绝热层，从而使大型卧式圆柱排管容器中的重水慢化剂温度低于 60℃。一个标准的 CANDU6 型重水堆热功率为 2 158 MW，电功率为 665 MW，热效率为 30.8%，重水装载量为 465 t，天然铀装载量为 84 t，平均线功率密度为 162 W/cm，平均卸料燃耗为 7 500 MW · d/tU。

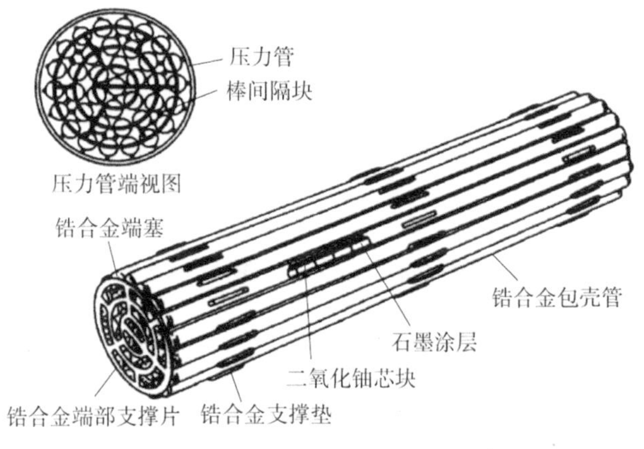

图 3.3　CANDU-6 型重水堆燃料束示意

CANDU 堆另一个独特之处在于堆芯垂直布置 14 个液体区域控制单元（Liquid Zone Controller Unit，LZCU），每个单元中充有轻水，轻水的吸收截面较重水大得多，因此当堆芯有换料等反应性扰动时，通过调节各 LZCU 的水位就能控制反应性和局部区域功率。

控制棒设置在反应堆上部，穿过大型卧式圆柱排管容器插入压力管束间隙的慢化剂中，反应性的调节既可用控制棒也可用变化慢化剂液位的方法来进行。需紧急停堆时，可将控制棒快速插入堆芯，并打开排管容器底部的大口径排水阀，把重水慢化剂迅速排入重水倾泻槽或向慢化剂内喷注硼酸钆溶液以减少反应性。由于用天然铀作燃料所能达到的燃耗较小，因此需要频繁地换料。CANDU 型重水堆用两台遥控的装卸料机进行不停堆的换料。换料时，两台装卸料机分别与压力管两端密封接头连接，压力管的一端加入新燃料元件束，同时在同一压力管的另一端取走乏燃料元件束。这种换料方式称为“顶推式双向换料”。在换料过程中，为了使中子通量对称，功率分布均匀，把相邻压力管中的燃料元件束按相反方向移动装卸料，且所有燃料元件束依次经过堆芯的不同位置，使平均卸料燃耗提高。由于采用不停堆换料方式，可以按堆芯的燃耗情况随时补充新燃料，因此堆芯内不仅所装载的燃料少，而且所需的剩余反应性也小。但这种反应堆产生的乏燃料量远多于轻水反应堆。图 3.4 为 CANDU-6 换料示意图。

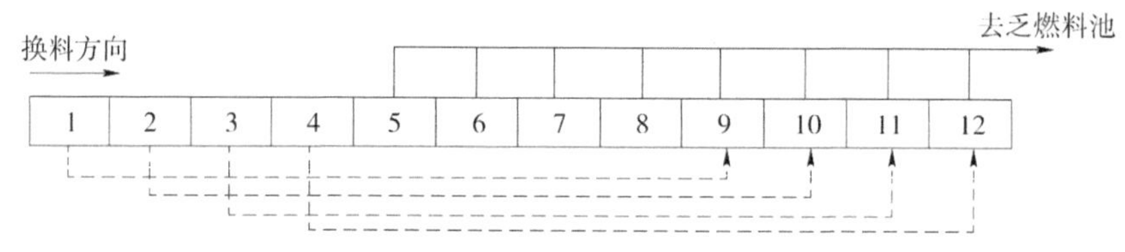

图 3.4　CANDU-6 换料示意

CANDU 型反应堆的一回路系统分为左右两个相同的环路，对称布置（图 3.5）。每个环路有两台蒸汽发生器和两台主泵并通过管道连接而成，每个环路带出反应堆一半热量。冷却剂的流程是：在左侧主泵唧（抽吸）送下重水冷却剂通过集流管分配到压力管左侧，从左边流入压力管，吸收燃料元件的裂变释热后从压力管右边流出，然后通过堆出口集流管进入右侧蒸汽发生器。在右侧蒸汽发生器中将热量传递给二回路的轻水，重水冷却剂在右侧蒸汽发生器流出后，在右侧主泵的唧送（抽吸）下从右边进入另一组压力管，在其中吸收燃料元件裂变的释热后从这些压力管的左边流出，经堆出口集流管进入左侧蒸汽发生器。

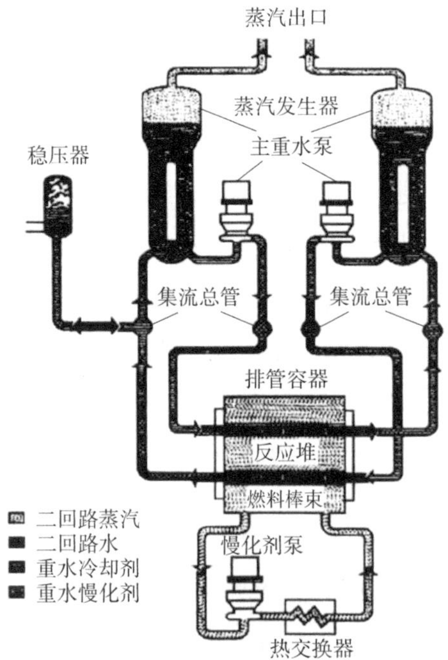

图 3.5　CANDU-6 型反应堆的一回路系统

3.2.3.2　ACR-700 堆型

在成熟的 CANDU-6 设计基础上，为了适应核电发展的趋势，加拿大原子能公司开始着手新的核电系统的开发，提出了先进 CANDU 堆 ACR（Advanced CANDU Reactor）核电系统的开发方案。同时，AECL 十分注意与其他国家进行合作研发，根据当事国的特点和需求，提出新的设计方案，即实现堆的本土化。

AECL 针对我国积极发展核电的良好形势，并结合我国钍资源较为丰富的特点，与清华大学工程物理系共同合作开发“钍基先进重水核能系统”（TACR），以第四代先进核能系统的可持续性、经济型、安全性等指标为追求目标，进行钍燃料循环先进重水堆核电系统的概念设计。

ACR 堆的主要创新是使用稍加浓铀燃料和轻水作为冷却剂，冷却剂在燃料通道内循环，较之前使用天然铀为燃料和重水作为冷却剂坎杜反应堆成本显著降低。

ACR-700 堆的使用的组件是 CANFLEX 组件。该设计还具有较高的压力和反应堆冷却剂和主蒸汽的温度，从而提供比现有坎杜堆的更高的热效率。这些热水力特性进一步增强了 ACR 堆的经济性。

CANFLEX 组件具有优良的热工水利特性，比 CANDU-6 棒束具有更高的燃耗。CANFLEX 组件的主要是特征是在 CANDU-6 组件的 37 根元件棒（NU-37）的基础上增为 43 根，并且内二圈元件棒的直径更大些。中心元件为含镝的天然铀芯块，其余元件为低富集度芯块，就能更好优化燃料的线功率，使 ACR 堆有负的冷却剂空泡系数。

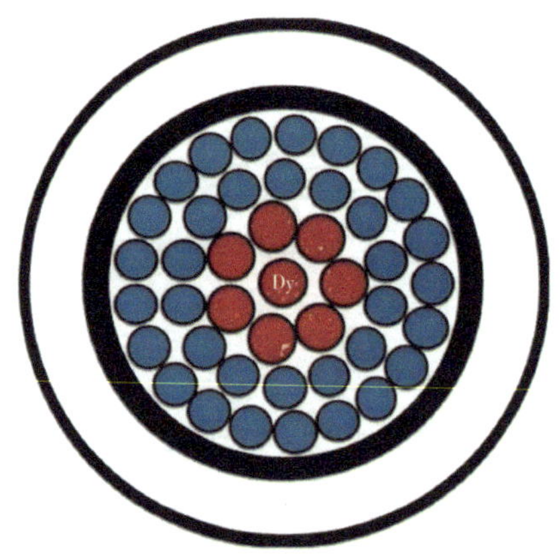

图 3.6　CANFLEX 组件径向示意

与 NU-37 组件相比， CANFLEX 棒束有着优越的技术特点：

（1）CANFLEX 棒束增加了 6%～9%的临界通道功率水平，保证堆在满功率运行下有足够的安全裕度。

（2）如果在 CANFLEX 棒束中使用 NU-37 相同量的天然铀，由于元件数目的增加，元件棒的峰值功率会降低 20%，但整个棒束的功率和 NU37 的相近，这也增强了其安全性。

（3）CANFLEX 组件跟 NU-37 组件的长度和外径均相等，并具有近似的压降和氚瞬态水平，使得 CANFLEX 棒束可以直接使用在 CANDU 堆上而无需对堆芯几何结构做任何调整。

（4）CANFLEX 棒束还增加了临界热通量（Critical Heat Flux，CHF）附加块，这种结构体现出该棒束较高的热工水力效率，提高了热传输效率，也增加了安全裕度。

由于 CANFLEX 棒束的灵活性跟优越性，其被研究出来作为多种燃料的载体，如 SEU（Slightly Enriched Uranium）、DUPIC（Direct Use of PWR spent fuel In CANDU）燃料、MOX（Mixed Oxide Fuel）燃料、钍等。

3.3　重水堆的特点和优劣势

3.3.1　重水堆的特点

CANDU 堆的主要特点包括：使用重水作为慢化剂和冷却剂，使用天然铀燃料，不停堆换料，可以生产钴-60 同位素等。

（1）重水慢化剂和冷却剂：CANDU 堆使用重水作为慢化剂和冷却剂，所谓重水就是氘化水，比氢核多一个中子，可以使得堆芯的中子经济性提高，也就意味着裂变所产生的中子浪费较少，大多数用于引发新的裂变或者更换产生新的易裂变核，从而可提高核燃料的利用率。

（2）使用天然铀燃料：由于 CANDU 堆使用了重水作为慢化剂和冷却剂，使得 CANDU 可以使用天然铀作为其核裂变的燃料，天然铀中 U-235 的含量一般在 0.72%左右，而压水堆所使用的燃料中的 U-235 浓度需要提浓到 3%～7%，其燃料制造成本远高于 CANDU 堆的燃料成本，重水堆是唯一可以利用天然铀作燃料的商用核电反应堆。除了天然铀外，重水堆也可以高效利用其他多种核燃料，包括低浓铀，铀钚混合燃料，压水堆乏燃料，钍燃料等。

（3）不停堆换料：CANDU 堆更换核燃料时，两台机器人式的换料机分别与一个通道的两端对接，一台换料机从一端将燃料棒束一个个通过燃料通道，顺着冷却剂流动方向推入堆芯；另一台换料机在另一端接收卸出的乏燃料棒束。换料可在反应堆任何功率运行时进行，整个操作过程可在主控室通过计算机系统预编程序遥控自动完成。不停堆换料带来的好处是多方面的，它不仅避免了因更换燃料而需要较长时间的强制性停堆，更重要的是它提供了一种强有力和灵活的燃料管理手段，能及时把破损的燃料组件从堆芯内取出。

（4）可以生产同位素：由于特殊的堆芯结构和反应堆物理特点，CANDU堆在发电的同时还可以用来生产用途广泛的钴-60 等同位素，目前全世界80%以上的钴-60 同位素由重水堆生产。

3.3.2 重水堆的优势分析

3.3.2.1 固有安全性

重水堆反应堆结构决定了其固有安全性较高。首先，重水堆的燃料元件安装在 380 根相互分离的压力管内，压力管破裂前有少量泄漏，容易发现和处理。而且当压力管破裂造成失水事故时，事故只局限在个别压力管内。其次，重水堆设计上安排了冷却剂系统与慢化剂系统是相互隔离的，失水事故时慢化剂仍留在堆内，因而失水事故时燃料元件的剩余发热，容易被堆内大量的重水慢化剂吸收。最后，重水堆慢化剂系统容量大，设计上处于常温常压状态，在该系统中设置的重要安全系统如 1 号停堆系统，不会发生通常所说的“弹棒”事故，就是在应急情况下，反应堆停堆棒因为一回路系统高温高压的冷却剂将本应插入堆芯的停堆棒弹出堆芯的事故。图 3.7 为重水堆核电站原理图。

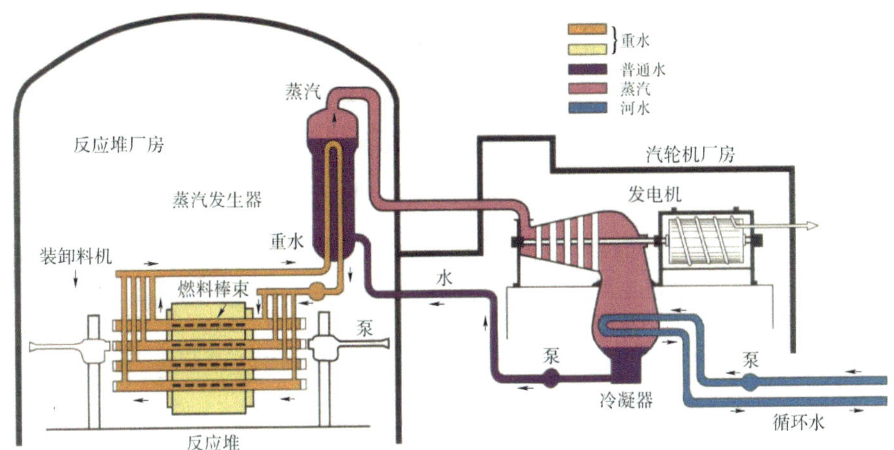

图 3.7　重水堆核电站原理

3.3.2.2　燃料经济性

（1）重水堆中子经济性高。重水堆的主要特点是由重水的核特性决定的。20 t 天然水中含有 3 kg 重水。重水和天然水（也就是轻水）的热物理性能差不多，因此作为冷却剂时，都需要加压。但是重水和轻水的核特性相差较大。这个差别主要表现在中子的慢化和吸收上。在目前常用的慢化剂中，重水的慢化能力仅次于轻水，可是重水最大的优点是它的吸收热中子的概率比轻水要低 200 多倍，使得重水的“慢化比”远高于其他慢化剂。

（2）重水堆可使用天然铀作为燃料。由于重水吸收热中子的概率小，所以中子经济好。以重水慢化的反应堆，可以采用天然铀作为核燃料，从而使得建造重水堆的国家，不必再花巨资建造浓缩铀厂。由于重水吸收的中子少，所以重水慢化的反应堆，中子除了维持链式反应外，还有较多的剩余可以用来使铀-238 转变为钚-239，使得重水堆不但能用天然铀实现链式反应，而且比轻水堆节约天然铀。秦山三核两座 CANDU 堆现在每年发电约 110 亿 kW·h，仅需消耗 191 t 天然铀，与压水堆发同等电量相比可节约 55～86 t 天然铀，天然铀资源利用率高 29%～47%。

（3）重水堆可使用回收铀作为燃料。国际上乏燃料后处理技术已趋成熟，MOX 燃料已经在商用压水堆上利用，但燃料循环中回收铀的使用是一个未很好解决的问题。截至 2003 年，欧洲和日本后处理积累了 75 250 t 的回收铀，找不到合适的用户。将回收铀（RU）再浓缩后直接在压水堆上使用，经济和技术上存在很大的不利因素，主要是因为压水堆需再浓缩回收铀，铀-232 浓缩后放射性水平显著增加。目前大多数压水堆业主都不主张在压水堆上使用回收铀，而重水堆使用回收铀不需要浓缩，放射性水平相对较小，从技术上可以有效地解决这个问题。图 3.8 为重水堆回收铀应用循环示意图。

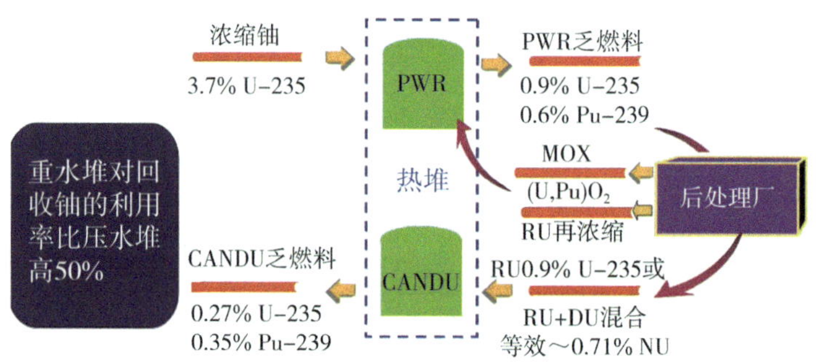

图 3.8　重水堆回收铀应用循环示意

（4）可以使用钍燃料。钍在地壳中的储量是铀的 3 倍。世界上已探明的铀储量约 490 万 t，钍储量约 275 万 t。其中，我国铀资源探明储量仅 10 万 t 左右，但已探明钍储量为 28.6 万 t。同比铀燃料，钍燃料的主要优势包括：①钍-232 的转换为铀-233 比铀-238 转换为钚-239 的转换效率高得多。②钍燃料比铀燃料在堆内有更好的运行性能。钍燃料比铀燃料有更好的化学和辐照稳定性，更高的热导率，更低的热膨胀系数，可允许更高的燃料芯块温度和更深的燃耗。③对堆型的适应性较好，可直接用于现有的堆型（轻水堆、重水堆、快堆等）。

图 3.9 为重水堆钍燃料结构。

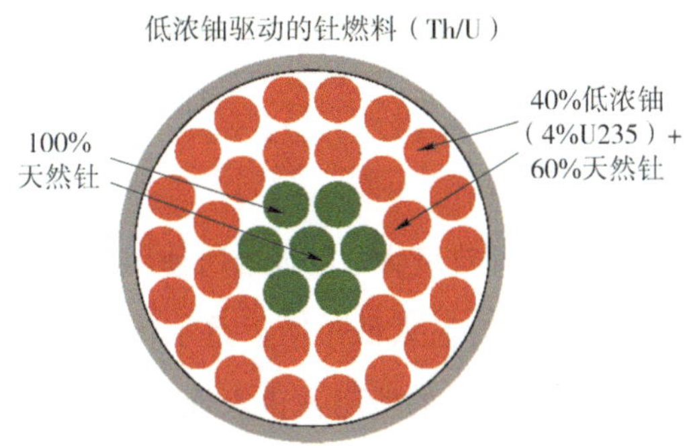

图 3.9　重水堆钍燃料结构示意

3.3.2.3　产品多样性

由于 CANDU 反应堆的特性，其生产的钴-60 源的产量和比活度均比较高，它们不仅能用于各类辐照站，而且能满足医用要求。利用 CANDU 重水堆控制系统中调节棒的功能特性，在保证正常商业运行发电的同时，大量生产钴-60 同位素以满足市场需求将产生很大的经济效益和社会效益。

钴-60 作为一种人造同位素，在衰变时放出能量为 1.33 MeV 和 1.17 MeV 的强 γ 射线，半衰期为 5.27a，是一种很好的 γ 放射源，在工业和医疗方面用途广泛。

3.3.2.4　容量因子和电网适应性

重水堆 CANDU 机组的一个重要特点是可实施不停堆换料，年设计容量因子达 85%以上，目前重水堆的运行业绩在世界范围内始终居于前列，月城 2 号、3 号、4 号机组的平均年容量因子基本在 95%以上，得益于重水堆核电机组不停堆换料的优势。

这种不停堆换料的运行方式，不会因为核燃料燃耗过深造成反应堆反应性不足而被迫停堆换料，理论上可以一直保持运行状态，因此也为电网调峰提供了一定的支持。

3.3.3 重水堆的劣势分析

3.3.3.1 运行成本

（1）重水成本较高，管理难度大。重水堆所使用的重水是从天然水中提取的，但由于天然水中重水含量太低，所以重水仍然是一种非常昂贵的材料。由于重水用量大，所以重水的费用占重水堆基建投资的 1/6 以上。因此增加了建设成本，也给重水堆机组的重水管理提出了较高的要求。

重水堆机组为确保重水装量的完整性，设置了较多的工艺系统，如重水蒸汽回收系统、重水回收塔、厂房内氚探测系统等系统，提高了电厂建造成本；另外，在系统正常运行期间重水不可避免有一定量的流失，将带来一定经济损失，重水在中子的长期辐照下产生氚，造成重水堆运行过程中产生的氚高于其他堆型，可构成对工作人员的辐射照射，以及产生一定的环境影响。

（2）设备成本较高，资源共享困难。虽然重水堆与压水堆在常规岛以及其他方面有很多相似之处，但是核心技术、系统及设备核部件有很大的不同，所以重水堆核心系统、设备的运营、维护、检修技术很难与国内其他压水堆核电站进行共享，实现资源的共享，共同采购备品备件，降低采购等企业运营成本。

3.3.3.2 技术解决能力

（1）技术后援力量不足，难以解决重大技术问题。秦山三期的重水堆是由加拿大原子能公司设计的，目前重水堆的核心技术还是基本掌握在加拿大原子能公司手里。电站长期运营可能会出现一些重大的技术问题，国内设计院可能会难以解决，必须依靠加拿大原子能公司提供技术支持，由于加拿大原子能公司是国外公司，技术支持受两国政治关系、政策等影响较大，这些对于秦山第三核电有限公司的长期发展是一个潜在的问题。

（2）技术积累难以产生积聚效应。秦山三期重水堆电站是目前国内唯一的重水堆电站，从电站建造、调试和运行各个阶段投入了大量人力、物力进行技术攻关，解决了大量困扰三期运行的技术问题，积累了经验，也培养了人才，但如若后续再无重水堆电站获批建造，那么在三期项目上积累的技术经验，以及培养的技术人才队伍将面临一系列问题，前期的资源投入难以产生积聚效应，反过来对进一步发掘技术解决能力构成隐患。

复习思考题

1. 重水反应堆的主要特点包括哪些？

2. 重水的主要物理性质有哪些？

3. 重水堆按结构形式可以分为哪两种？

4. 请概述以下重水堆核电厂的优势和劣势。

5. 重水堆使用什么作为慢化剂和冷却剂，在换料上具有什么特点，可以生产哪种同位素？

第 4 章　先进轻水堆核电厂

为了进一步增进核电厂的安全性，满足公众对核电厂安全及经济性需求，世界主要反应堆制造商认为将现有第二代反应堆加以改造，提高其安全性，是解决近期核电发展的较好出路，因此一些发达国家研发了第三代核电技术，与第二代相比，第三代核反应堆及核电技术具有以下显著特性：

（1）提高了安全性，降低核电厂严重事故（堆芯熔化和放射性向环境大量释放）的风险，延长在事故状态下的操纵员的不干预时间等。

（2）提高经济性，降低造价和运行维护费用。

（3）延续成熟性，尽量采用现有核电厂已经验证的成熟技术。

4.1　先进轻水堆概述

目前，国际主流核电建设标准主要参考 URD 和 EUR。针对应急安全系统的设计，URD 对第三代核电站两种类型的核电厂分别提出了严格要求（表 4.1）。三代核电发生事故的概率较二代显著下降。经过一系列技术设计的优化升级，二代能动核电站进阶到三代非能动和改进型能动核电站。三代技术具有代表性的 AP1000 和 EPR 的堆芯损坏频率分别降低到 5.0894×10^{-7} /（堆·a）和 1.18×10^{-6} /（堆·a），大量放射性释放概率降低至 5.94×10^{-8} /（堆·a）和 9.6×10^{-8} /（堆·a），相较二代核电降低了 1～2 个数量级。表 4.2 为三代核电技术特点。

表 4.1　URD 对两种类型核电厂的要求

改进型能动核电站（EPR）	改进型非能动核电站（AP1000）
更简化的专设安全系统 至少有 2 条隔离的和独立的交流电源与电网相连 至少 30 min 内，不需要操纵员的干预 在丧失全部给水，至少在 2 h 以内不应有燃料损坏 在丧失厂内外交流电源，至少在 8 h 以内不应有燃料损坏	不要求安全相关的交流电源 至少 72 h 内，不需要操作员干预 严重事故条件下，安全壳有足够的设计裕量 非严重事故条件下，不需要场外应急计划

表 4.2　三代核电技术特点

参数	三代	相对于二代所改进幅度
堆芯热工安全裕量	15%	维持较高安全裕量
堆芯损坏概率	＜10^{-5} /（堆·a）	相对二代的＜10^{-4} /（堆·a）提高了一个数量级
大量放射性向外释放概率	＜10^{-6} /（堆·a）	相对二代的＜10^{-5} /（堆·a）提高了一个数量级
机组额定功率	100 万～150 万 kW	提升了 50%～66%
可利用因子	＞87%	二代为 80%
换料周期	18～24 个月	相对二代的 12～18 个月大幅延长，减少换料大修停机次数
电厂寿命	60 年	相对二代的 40 年大幅延长
建设周期	48～52 个月	应用模块化施工技术，现场施工工期缩短（大概 6 个月），减少投资成本

与二代相比，除了安全性更强，三代核电还具备经济性更高的明显优势：①单机功率从 60～100 kW 提升至 100 万～150 万 kW；②换料周期由 12～18 个月延长至 18～24 个月；③建造周期缩短了 6 个月；④设计寿命延长了 20 年。

表 4.3　国内三代核电主要堆型特点

	技术来源	堆型	系统设计	设计理念	特点
AP1000	美国西屋公司	压水堆	非能动	简化成熟的非能动设计，建造中大量采用模块化建造技术	①安全性提升，严重事故预防与缓解措施到位，仪控系统和主控室设计更科学 ②经济性强，阀门、泵、安全级管道、电缆、抗震厂房相比在役电站容积减少 ③采用模块化施工建设，可缩短建设周期，降低核电机组建设及长期运营成本
“国和一号”：CAP1400	消化和吸收创新AP1000	压水堆	非能动	具有我国自主知识产权、功率更大的非能动大型先进压水堆核电机组	①基于 AP1000 的模块化技术，优化了模块设计，缩短了建造周期 ②简化设计，系统和部件数量大幅减少，降低了建造成本和运维成本 ③维修检查的压力减少，故障概率大幅降低 ④安全性提升，组合设计非能动堆芯+安全壳冷却系统，扩大了安全壳尺寸，获得了较大的自由容积，更大的安全壳内压力裕量
“华龙一号”：HPR1000	自主研发，ACP100 和 ACPR1000 +融合	压水堆	能动+非能动	能动和非能动相结合设计理念，采用多重冗余的安全系统	①采用中核 ACP1000 技术 177 堆芯和中核 CF 自主品牌燃料 ②单堆布置、双层安全壳 ③可根据客户需求，配置个性化的专设安全系统 ④全面平衡贯彻纵深防御的设计原则，设置了完善的严重事故预防和缓解措施
EPR	法马通和西门子联合开发	压水堆	能动	压水堆技术采用“加”的设计理念，即用增加冗余度来提高安全性	①经济和技术性能更高，单堆四环路机组降低发电成本，运行灵活，检修便利 ②电功率约为 1 600 MW，适宜有大规模电网、人口密度大、场址少的地区 ③可使用各类压水堆燃料，实现稳定乃至减少钚存量目标，核燃料充分利用（UO_2 或 MOX），减少长寿废物的产量
VVER1200	俄罗斯 AES-91/92 衍生的 AES-2006 三代加机型	压水堆	能动+非能动	2 种具体堆型：能动为主的 V491、非能动占主导的 V392M	①卧式蒸汽发生器 ②六角燃料组件 ③没有压力容器底部的缝隙 ④高容量增压器提供一个大型反应堆冷却剂库存

4.2　AP1000、CAP1000 和 CAP1400

4.2.1　概述

20 世纪 80 年代中期，美国西屋公司开始开发非能动先进压水堆。基于当时的市场需求和电力建议，选择 600 MW 级的容量（AP600）进行设计，完成大量设计文件和试验研究。在此基础上，AP600 设计经过美国核管理委员会的技术审查，于 1998 年 9 月获得最终设计许可。1999 年 12 月，NRC 向西屋公司颁发最终设计认证证书。随着美国电力市场的发展和天然气价格的不断下跌，持续降低能源发电成本成为市场竞争的主要因素，西屋公司决定进一步提高电功率，发展 1 000 MW 级容量（后续设计的 AP1000 型核电厂）来提高非能动先进压水堆的市场竞争能力，AP1000 型反应堆堆芯采用成熟的、经工程验证的西屋公司加长反应堆堆芯设计（M314 型，环路数目不同），活性段有效高度 4.27 m（14 ft），装载 157 盒 17×17 组件排列的高性能燃料组件，平均线功率密度目前压水堆中最大。

我国“大型先进压水堆及高温气冷堆核电站”科技重大专项是《国家中长期科学和技术发展规划纲要（2006—2020）》确立的 16 个国家科技重大专项之一，国家能源局是牵头组织单位，其中，压水堆分项由国家电投牵头实施，“国和一号”（CAP1400 型）的研发和示范工程列为重大专项的重点任务，是在消化、吸收、全面掌握我国引进的第三代先进核电 AP1000 非能动技术的基础上，通过再创新开发出具有我国自主知识产权、功率更大的非能动大型先进压水堆核电机组。

4.2.2　AP1000 主要技术特征

AP1000 是一种先进的非能动型压水堆核电技术，AP1000 最大的特点就是设计简练，易于操作，而且充分利用了“非能动的安全体系”，进一步提高了核电站的安全性，降低核电机组建设以及长期运营的成本。

同时，AP1000 还拥有以下特点：

（1）非能动安全设计和较大安全裕度

AP1000 采用非能动安全设计理念以提高机组的安全性能，依靠自然力（包括重力、压缩空气和自然循环等）来完成反应堆和安全壳内的热量，可靠性高。在事故 72 h 内，自动实现堆芯和安全壳冷却，无需操作员干预，大大降低人为失误导致的风险。

（2）简化设计

采用非能动安全理念。简化了安全系统配置、减少了安全支持系统，相应的泵、阀、电缆设备等大量减少电厂总体布置简化。五大厂房设置，厂房数量减少，占地面积较小。

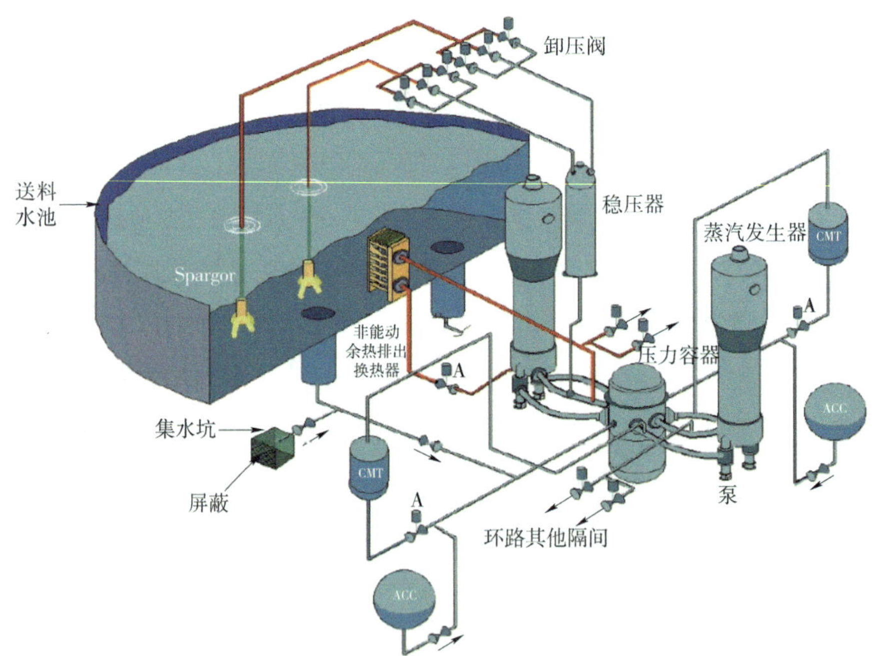

图 4.1　非能动堆芯冷却系统

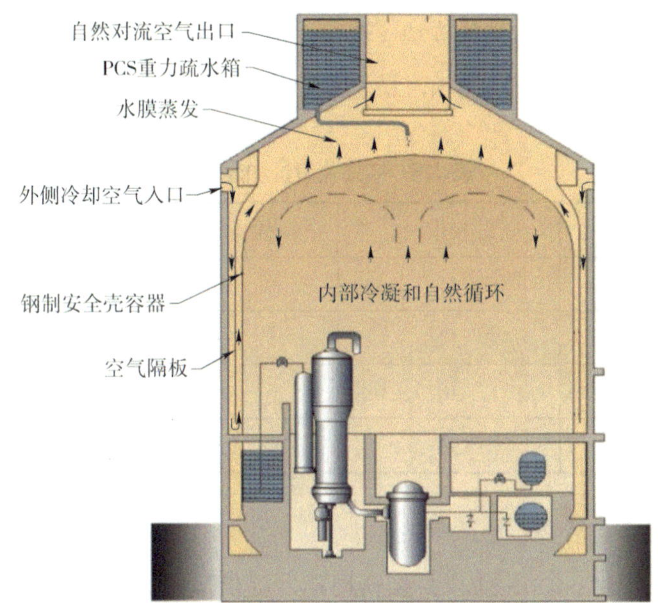

图 4.2　非能动安全壳冷却系统

表 4.4　非能动安全设计提升的安全裕量

设计基准事故	传统电厂	AP1000
DNBR 裕量	约 10%	约 16%
给水管断，过冷度裕量	＞0℃	约 80℃
SGTR，操作员动作时间	10 min	无需动作
SLOCA	3 inch 堆芯裸露	8 inch 堆芯不裸露
LLOCA，PCT	1 700～2 000 °F	＜1 600 °F
ATWS 峰值压力（%换料循环）	21.7 MPa（g）（90%）	19.0 MPa（g）（100%）

（3）模块化设计和建造

模块化设计和制造的优势：平行建设（打破原来传统的施工顺序），缩短建造周期，提高工厂化预制和组装程度，提高制造和安装质量—运输前完成模块预试验和检查，减少现场施工拥挤。

模块分割及要求：结构模块（较大，较重，需要船运）、设备模块（可铁路运输 24 m×3.6 m×3.6 m，最大重量 80 t）。

表 4.5　模块化设计和建造

核岛厂房	结构模块	设备模块	总数
安全壳厂房	41	32	73
辅助厂房	42	63	105
附属厂房	10		10
总数	93	95	188

（4）运行灵活和厂址适应性

运行灵活性：18～24 个月换料周期，提供运行灵活性；MOX 燃料装载能力。MSHIM 模式不调硼负荷跟踪模式。设计简化，大大减少维修、定期检修的要求和工作量。主控室人机界面优化，减少操作员数量。机械补偿控制模式，这种通过调节机械控制棒组（M 棒组）和常轴向功率偏移棒组（AO 棒组）的模式可以自动调节反应堆的功率和温度，在一个换料周期内的大部分时间里可完成 30%以上额定功率的负荷运行，且对于 50%以上额定功率的负荷跟踪运行过程不需要调整冷却剂中的硼浓度。MSHIM 负荷运行模式有以下几个优点：①不需要化容控制系统的调硼操作，减少废水的产生；②用独立的控制棒组分别控制反应性和轴向功率分布；③使用数字化的控制棒自动控制系统，简化运行人员的操作，实现精细控制。其缺点是这种运行模式没有实践经验不够成熟。

厂址适应性：开展标准设计，覆盖大部分潜在厂址条件安全停堆地震采用 0.3 g，审查级地震采用 0.5 g，覆盖高地震区域。

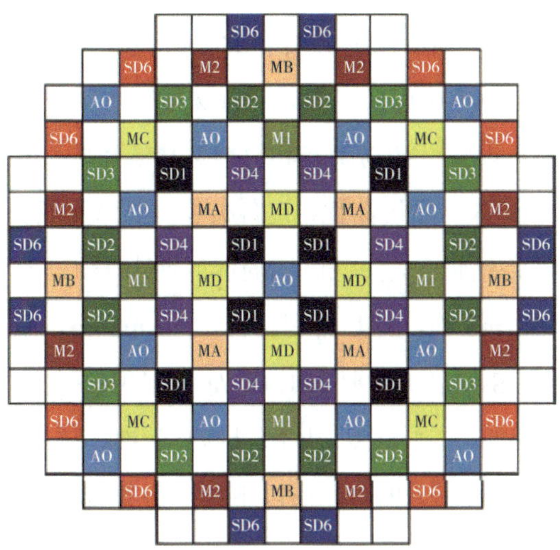

图 4.3　机械补偿（MSHIM）控制模式

（5）辐射防护最优化和放射性废物最小化（表 4.6）

表 4.6　AP1000 辐射防护最优化和废物最小化改进

设计改进	以前的设计/方法	改进受益
SG 传热管利用低钴含量（0.015%）或低腐蚀率的材料	使用含钴 0.10%的 inconel 600 材料	减少 Co-59 释放到主系统的量和降低核电厂辐射水平
避免或尽量减少使用高钴硬面合金材料	对材料没有特殊限制	减少 Co-59 释放到主系统的量和降低核电厂辐射水平
18 个月循环换料周期	12 个月循环换料周期	减少换料次数并减少整个核电厂寿期内的 ORE
N-16 输运时间流量计或快速响应热电偶	电阻温度探测器旁通集管和相关的管道和阀门	消除这些部件（腐渣阱）的维修，也降低回路一般区域的辐射水平
SG 机器人检查和维修	人员操作	消除人员操作
一个 RCP 壳	2 个 RCP 壳	消除泵壳焊缝 10 年 X 射线检查
堆顶一体化设计和与换料有关的其他设计改进	非一体化/老式的部件	减少换料操作时间和剂量率

辐射防护最优化：随着工业界对职业辐射照射的控制趋严（10CFR、SRP、GB 18871）。AP1000 采用了如下方法使辐射防护最优化：设计阶段考虑的布置、屏蔽、设备设计与制造和材料选择等将限制工作人员进出，减少潜在照射剂量和污染。系统简化，设备减少，维修量减少。选择低腐蚀率的材料，减少一回路钴输入，降低区域的放射性水平。同时做到职业辐照个人剂量限值小于 20 mSv/a，并且管理目标位 15 mSv/a。职业辐照集体剂量目标值小于 0.67 人 Sv/a（URD 要求 1.0 Sv/a）。采用最佳实践，满足 ALARA 原则（减少工作时间、增加距离、屏蔽措施有效性、减少辐射源项）。

放射性废物最小化：AP1000 在以下环节进行优化设计使放射性废物最小化（图 4.4）。

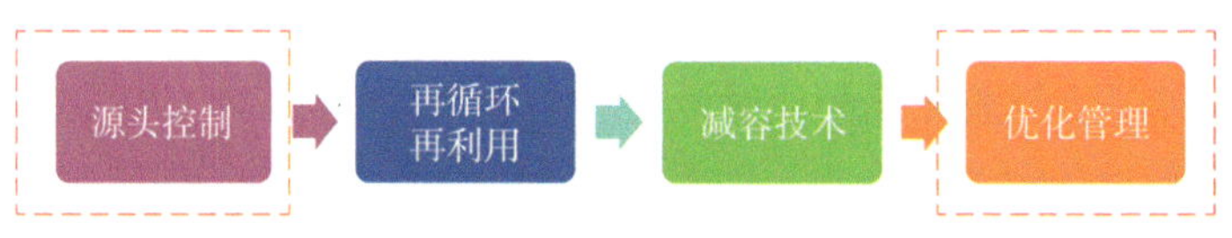

图 4.4　放射性废物最小化

源头控制：采用先进堆芯控制方式，有效减少传统电厂中产生的大量含硼废液。确保燃料棒包壳“零”破损，通过设计改进（采用防异物下管座等，CILC）和质保控制。改进材料（降钴），降低腐蚀产物。采用先进设计，如设备设计（长使用寿命减少更换等）、非能动设计（简化电厂系统和设备等）、共用子项（减少二次废物量）等。

再循环再利用（设备和劳务工具重复使用）：换料设备操作工具可反复使用，原则上不进行更换。热车间清洗后设备在满足回用要求后需重新投入使用。SRTF 设置全厂共用的运输容器。

减容技术：废气处理采用活性炭处理技术，充分体现非能动理念，较传统的压缩处理技术，具有二次废物少、占地面积小、安全可靠的特点。废液处理充分贯彻“分类收集、分类处理”的设计原则，工艺废液采用离子交换工艺，具有高效的处理能力，降低二次废物产生量。固体废物处理采用成熟的减容工艺，采用干燥、压实等减容技术，尽量减少最终废物包装量。处理工艺相对集中，且相较于现役电厂采用的水泥固化工艺，其减容能力更强。

（6）具有竞争力的经济性

设计简化：管道、阀门、电缆等数量大大减少；抗震一类厂房容积大大减少（非能动理念导致安全级的能动系统大大减少）；电厂总体布置简化，总体占地面积减小。

模块化设计和建造：并行建设，进一步缩短建设周期。

高电厂可靠性：机组设计寿命 60 年；机组目标可利用率大于 93%。

高机组出力：机组出力大于 100 万 kW，大容量机组带来更高的经济性（尤其是运营经济性）。

4.2.3　CAP1000 与 CAP1400 设计

CAP1000 是我国基于依托项目工程经验反馈、后续项目设计审评问题反馈、相应的 AP1000 技术转让消化吸收的成果。

CAP1000 的进一步设计优化和调整包括：

（1）自主化蒸汽发生器：AP1000 蒸汽发生器的干燥器是 PEERLESS 公司的专利，不在技转范围内。CAP1000 完成了干燥器的国产化，性能优于国外干燥器。

（2）废液系统工艺改进增设化学絮凝处理工艺：电中和、网捕桥架作用，强化下游活性炭对腐蚀产物胶体/颗粒的去污因子。

（3）主控制室布置和环境设计优化：照明布置方案优化，整体美观主控制室；主控制室内建筑布局改进，更能符合国内电厂在安全撤离、人因工程等方面的实际需求；主控制区内设备布置改进，综合考虑各设备布置、建筑结构影响。

（4）福岛核事故评估和经验反馈：在国家核安全局要求下，针对 CAP1000 核电厂在类似福岛核事故条件下的事故缓解能力进行了评估，评估结果表明：即便在类似的福岛核事故条件下，由于 CAP1000 的非能动设计特点，以及基于非能动余热排出系统和非能动安全壳冷却系统的失效安全设计、操纵员有限的操作和适当的厂外支持，电厂仍具有较强的事故抵御能力。即堆芯或乏燃料池不会发生燃料破损；安全壳可维持其完整性；无不可接受的放射性泄漏；72 h 内无需厂外支援。表 4.7 为基于 AP1000 的五大设计优化。

表 4.7 基于 AP1000 的五大设计优化

AP1000 经验反馈	● 吸收 AP1000 设计/制造/建造/审评等经验反馈 ● 参考世界核电发展的相关新要求
公英制转换	● 全范围的公英制转换（根据制造精度、采购情况等全面分析）
设备国产化和大宗材料替代	● 关键设备实现国产化、大宗材料实现替代
相对依托项目设计差异及优化	● 对原有 AP1000 技术的查漏补缺，调整及优化 ● 国情适应性修改（包括中国标准符合性）
福岛核事故响应	● 防水土封堵/长期水源/长期电源/乏池冷却/全范围 SAMG 等

“国和一号”CAP1400 依托国家电投牵头承担的国家科技重大专项课题研究成果，是在引进消化吸收 AP1000 三代核电技术的基础上，通过再创新形成的具有自主知识产权、功率更大的大型先进非能动压水堆核电型号，功率达到 1 500 MW，成功超越了 AP1000 技术引进合同设置的 1 350 MW 的技术门槛。

“国和一号”基于非能动安全理念，采用最新国际标准，满足最严排放要求、全面贯彻纵深防御理念、实现非能动安全，事故后 72 h 内无需人工干预。能有效应对地震、海啸、大飞机撞击等极端事件，满足实际消除大规模放射性释放要求，是当今世界上最安全、最先进的三代核电型号。2016 年 4 月通过国际原子能机构的通用安全审评，获得了国际认可。

迄今，其压力容器、蒸汽发生器、控制棒驱动机构、爆破阀等主设备已全部实现国产化；大锻件、蒸汽发生器 690 传热管、核级锆材、核级焊材等关键材料基本实现国产化；自主化先进核燃料定型组件研制成功；11 种泵、10 类阀门工程样机基本研制完成。由此，其综合性能特别是经济性优于 AP1000，后续批量化造价还能再降低 10%以上。

表 4.8 为 AP1000 和 CAP1400 的主要参数。图 4.5 为 CAP1400 的顶层设计原则和性能指标。

表 4.8 AP1000 和 CAP1400 的主要参数

主要参数	AP1000	CAP1400
堆芯热功率/MW	3 400	4 040
预期电功率/MW	＜1 250	＜1 500
冷却剂平均温度/℃	300.9	304
RCS 压力/MPa（a）	15.5	15.5
堆芯燃料组件数	157	193
燃料组件类型	AP1000 型	RFA 改进型或自主开发
平均线功率密度/（W/cm）	187	181
蒸汽发生器类型	△125	自主开发
SG 出口蒸汽压力/MPa（a）	5.61	6
主蒸汽流量（每环）/（kg/s）	944	1 122
每台泵设计流量/（m^3/h）	17 886	21 642
DNBR 裕量	＞15%	＞15%

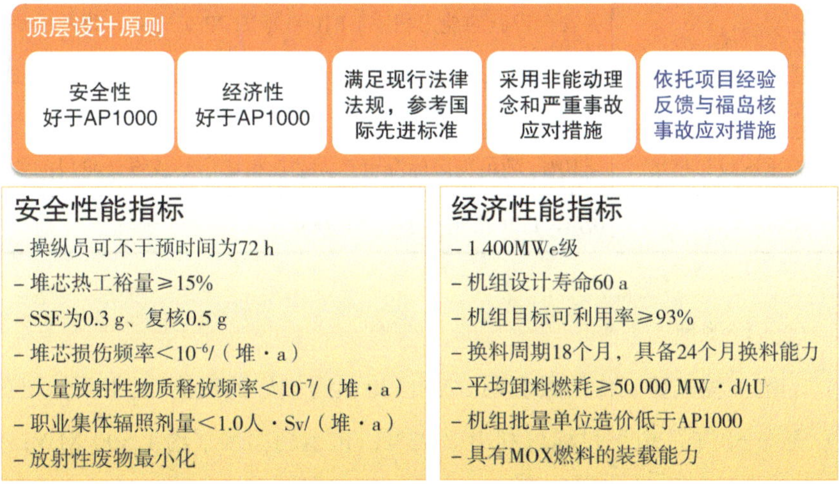

顶层设计原则

安全性好于AP1000

经济性好于AP1000

满足现行法律法规，参考国际先进标准

采用非能动理念和严重事故应对措施

依托项目经验反馈与福岛核事故应对措施

安全性能指标
- 操纵员可不干预时间为72 h
- 堆芯热工裕量≥15%
- SSE为0.3 g、复核0.5 g
- 堆芯损伤频率＜10^{-6}/（堆·a）
- 大量放射性物质释放频率＜10^{-7}/（堆·a）
- 职业集体辐照剂量＜1.0人·Sv/（堆·a）
- 放射性废物最小化

经济性能指标
- 1 400MWe级
- 机组设计寿命60 a
- 机组目标可利用率≥93%
- 换料周期18个月，具备24个月换料能力
- 平均卸料燃耗≥50 000 MW·d/tU
- 机组批量单位造价低于AP1000
- 具有MOX燃料的装载能力

图 4.5 CAP1400 的顶层设计原则和性能指标

（1）安全性

“国和一号” CAP1400 满足先进三代核电技术要求，考虑福岛核事故后相关技术政策；平衡电厂系统设计，改进与优化安全系统容量配置，进一步提升安全设计裕量（如使用大口径爆破阀）；通过增设早期空气采样式火灾探测系统等方式，减少堆芯损伤频率，PSA 分析结果表明 CAP1400 安全性得到进步提高。

采用非能动安全系统，在电厂断电状况下，反应堆可在事故发生 72 h 内无须人工干预自动保证安全。

“国和一号”采用非能动安全系统，增加电站抗击地震、外部水淹等极端自然灾害的能力，使反应堆堆芯损害频率从 5×10^{-5} 降低至 5×10^{-7}，抵抗严重事故安全能力提高 100 倍。

安全壳自由容积裕量充足，安全壳承压能力得到进一步加强，安全壳内压设计余量到 10%（满足 SRP 要求）。

优化堆内构件设计，保证堆芯熔融物滞留（IVR）裕量。

表 4.9 CAP1400 的安全性提升

项目	性能
专设安全系统	各安全设施的能力相比 AP1000 增加 20%～38%，事故应对效果更好
DNBR 裕量	＞15%，满足 URD 的要求
安全壳承压设计裕量	＞10%，满足美国标准审查大纲在核电厂初步设计阶段的要求
q/qCHF 最大值	0.74，IVR 裕量不小于 AP1000

（2）经济性

示范工程概算工作结果表明 CAP1400 具有较好的经济性。主要体现在：电厂寿命 60 年，电厂目标可利用率 93%；机组功率水平约 1 500 MW；厂房单位功率占地面积更小；运行成本更低（电厂工作人员数量不变）。

后续批量化后，设计采用标准化、设备工艺固化、按型号采购、项目管理模式成熟有效，CAP 型号系列在高安全性下，经济性将会持续提高。

（3）主要设计特点和研发成果

①反应堆设计先进，采用低泄漏装载方案。堆芯采用 193 盒高性能燃料组件，核设计裕量增强，具有 MOX（铀钚混合）燃料装载能力。

②自主设计蒸汽发生器，采用拥有专利的经验证的干燥器，高蒸汽品质。

③采用并自主研发 50 Hz 的反应堆主冷却剂泵避免变频器长期运行，提高主泵运行可靠性，减少能耗。

④优化设计主系统和辅助系统，优化总体参数，提高机组性能，机组出力达到 1 500 MW。

⑤重新设计钢安全壳，自由容积和承载能力裕度较大，安全裕量较高，系统布置确保可达性。

⑥自主设计 SC 结构（钢板混凝土）屏蔽厂房，具备抗大型商用飞机恶意撞击能力。

⑦采用基于 FPGA（现场可编程门阵列）技术的反应堆保护系统，具有更高安全性。

⑧使用自主开发的国产大型半速汽轮发电机，长叶片的使用使得机组效率进一步优化。

⑨按最新标准设计放射性废物处理系统，改善工艺，实现废物最小化。

⑩进一步增强核电站抗击地震、外部水淹等极端自然灾害的设防，非能动安全系统具备 72 h 后的补给能力，确保电站安全。

⑪完善事故管理规程，增强事故后监测能力，提高电厂应急能力。

⑫自主开展试验验证并采用自主开发的 COSINE 软件系统进行设计校核。

图 4.6 “国和一号”

4.3 “华龙一号”（HPR1000）

4.3.1 概述

“华龙一号”充分吸收了我国已有的核电设计、建造、调试和运维经验，借鉴了世界三代核电技术的先进设计经验，参考了近年来全球核电领域最新成果和国际先进轻水堆核电厂用户要求（URD 和 EUR）、福岛核事故经验反馈和国际最新安全标准，全面平衡贯彻了核安全纵深防御原则、可靠性原则和多样化原则，满足国家核安全局法规与导则的要求，创新性地采用能动与非能动相结合的安全设计理念，兼顾核电技术的安全性和经济性，相比世界其他三代核电技术（如 AP1000、EPR）具有良好的竞争力。

“华龙一号”是中核集团和中广核集团在我国 30 余年核电科研、设计、制造、建设和运行经验的基础上，充分借鉴国际三代核电技术先进理念，吸取日本福岛核事故经验教训，采用国际最高安全标准研发的自主三代核电技术，其成熟性、安全性和经济性满足国际三代核电技术要求。

“华龙一号”共计有 6 万多台套设备，设计文件总量 9 467 册，生产、设备、组装涉及上海、四川等 28 个省市，5 300 多家企业、近 20 万人参与了项目的研制和建设。“华龙一号”的装备国产化率达到 85%以上，压力容器、蒸汽发生器、主管道、控制棒驱动机构、数字化仪控系统等关键设备，以及大型锻件、核级锆材、核级焊材等核心材料基本实现自主设计自主制造，并形成每年 8～10 台套核电主设备制造能力。

4.3.2 主要技术特点

“华龙一号”采用经工程验证的成熟技术，基于我国 30 余年核电科研、设计、建设和运行经验；充分利用我国核电装备制造业体系；采用国际最高安全标准；成熟性、安全性和经济性满足三代核电技术要求。独创性地运用了能动与非能动相结合的安全设计理念和 177 堆芯布置，使用自主研发的 CF3 燃料组件，还运用了单堆布置、双层安全壳、抗大飞机撞击等先进设计理念，具备完善的严重事故预防与缓解措施、强化的外部事件防护能力和改进的应急响应能力等先进特征，充分保证了电厂的安全性、经济性和先进性，充分借鉴国际三代核电技术先进理念；充分吸收福岛核事故经验反馈；具有完善的严重事故预防与缓解措施；堆芯损坏频率（CDF）小于 1.0×10^{-6} /（堆·a），大量放射性释放频率（LRF）小于 1.0×10^{-7} /（堆·a），且具有自主知识产权，是当前市场上接受度最高的三代核电机型之一，其主要技术特征如下：

（1）使用 177 堆芯最优方案

“华龙一号”采用堆芯装载 177 组燃料组件的 177 堆芯设计，是其独创性的核心技术源头，是自主知识产权的核心标志，是安全性和经济性的最优方案，是反应堆整体性能的核心保障。相比全球传统核电机组大多采用的 157 堆芯设计，177 堆芯增加的 20 组燃料组件可以把机组发电功率提高

5%～10%，同时降低燃料组件的平均线功率密度，既提升了电厂的经济性，又增强了核电运行的安全性。

（2）能动与非能动相结合的安全设计理念

“华龙一号”独创性地提出并运用了能动与非能动相结合的安全设计理念，这是世界领先的技术设计，是全球其他第三代核电技术所没有的，能够应对类似福岛核事故等极端事故。能动系统是高效、可靠和经过工程验证的，事故发生后首先投入使用。非能动系统是能动系统的补充，可有效应对动力源丧失，依靠自然循环带出堆芯余热，为各层次纵深防御提供多样化手段。非能动系统主要包括非能动安全壳热量导出系统、非能动堆腔注水系统、非能动二次侧余热排出系统和非能动安全壳消氢系统等。安全壳排热系统有 3 个冷却水箱，可装载 3 000 t 水，作为严重事故后的最终热阱。非能动堆腔注水系统配置有冷却水箱，可装载 2 200 多 t 水，严重事故时向堆腔注水。

（3）采用 CF3 燃料组件，实现 18 个月换料周期

“华龙一号”使用的我国自主研发的 CF3 高性能燃料组件，具有降低燃料失效风险、提高运行可靠性和减少非计划停堆次数等高安全性、高可靠性和高经济性等优点，被誉为最强中国“芯”，突破了国外专利技术封锁，改变了我国核电依靠国外燃料技术的局面，解决了核电“走出去”燃料受制于人的问题，提高了我国在世界核电产业界的地位和话语权。CF3 燃料组件设计目标燃耗 52 000 MWd/tU，循环长度 18 个月，从而使“华龙一号”实现 18 个月换料周期，相比传统燃料组件 12 个月的循环长度延长 6 个月，减少了换料次数，提高电厂的可利用率和经济性。

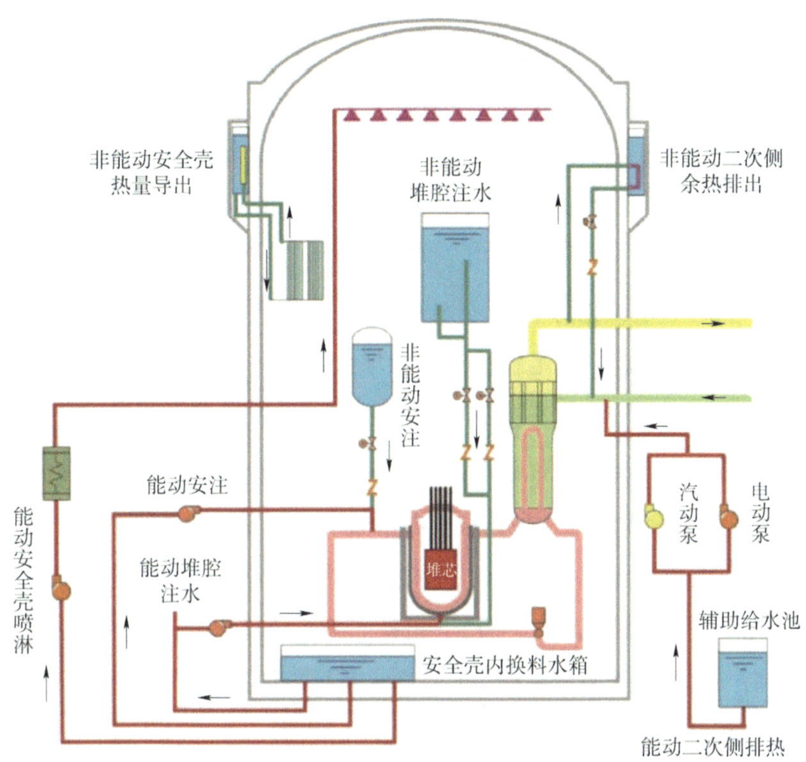

图 4.7　“华龙一号”能动与非能动系统示意

（4）安全设施独立的单堆布置

二代核电站多采用双堆布置，共用核辅助厂房、水压试验泵和安全壳过滤排放系统等设备设施，在应对同一址多台机组同时发生超设计基准事故时存在一定的缺陷（如福岛核电站），需要从设计上保证事故应对措施的独立性。“华龙一号”采用单堆布置，设置两个完全独立的核辅助厂房，通过地理或实体屏障对冗余设施进行隔离，避免不同安全设施之间的影响，提高了安全设施之间独立性，也减少了机组间的相互影响，便于电厂建造、运行和维护，提高了选址的灵活性。

（5）大自由容积双层安全壳

“华龙一号”安全壳自由容积比福岛核电机组大一个数量级，具有更好的事故耐受能力，即使在最恶劣的设计基准事故情况下，安全壳内的峰值压力距设计压力至少有 10%的裕量。另外，大自由容积还有助于降低严重事故下锆水反应生成氢气的平均体积浓度，缓解发生氢气爆炸的风险。安全壳采用双层设计，功能分离，内壳抵御内部事故下的高温高压，外壳抵御各种外部灾害。另外，安全壳还增加了一层壳体，更好地起到对环境和人员辐射屏蔽的作用。

（6）完善的事故预防与缓解措施

“华龙一号”通过优化系统设计、增大设备安全裕量和开展事故安全分析等措施，将设计基准事故下操纵员不干预时间由通常二代核电技术的10 min 延长至 30 min，简化系统操作，减少人为干预而可能出现的误操作。“华龙一号”厂内水源、非能动系统水箱储水量和专用电池容量在严重事故情况下可以支持机组运行 72 h，并增设移动泵和移动柴油发电机等设备，共同使电厂在严重情况下实现 72 h 自持而无需厂外支援。“华龙一号”还设置包括一回路快速卸压系统、堆腔注水系统、非能动消氢系统、非能动安全壳导热系统等完善的严重事故预防与缓解措施，从设计上实际消除大规模放射性释放的可能性，使得仅采取时间和范围上有限的场外应急措施。此外，“华龙一号”还制定多机组事故应急响应方案，提高严重事故情况下应急指挥中心可居留性与可用性，保证 2 台机组同时进入应急状态的响应能力。

（7）抗商用大飞机撞击和强化的外部事件防御能力

“华龙一号”具备极端外部事件防护能力，可以抵抗商用大飞机的撞击，创新性地设计了抗飞机撞击壳（Anti-plane Crash Shell，APC 壳），增加了隔离冗余系统，防护要求和评价准则达到国际先进水平。“华龙一号”还考虑了所有可能引起放射性释放风险的外部事件，包括外部人为和自然事件，并设计适当措施和充足裕量抵御如洪水等特定超设计基准外部事件的袭击。此外，“华龙一号”提高抗地震设计，厂址设计基准地震提高到 0.3 g 地面峰值加速度，与 AP1000 一致，高于 EPR 的 0.2 g，同时也把安全壳、控制棒驱动机构、电缆支/桥架等设备的抗震能力提高到 0.3 g。

“华龙一号”很好地平衡了安全性和经济性，在安全性方面，坚持冗余性、独立性与多样化相结合的设计原则，采用概率安全分析方法改进设计，机组发生堆芯熔化事故的概率降低到千万堆·年一遇，大量放射性释放到环境的概率降低到亿万堆·年一遇，这两个指标在全球三代核电技术之中都是领先的；在经济性方面，首堆示范工程国产化率达 85%、设计可利用率大于 90%、设计寿命提高到 60 年等，具有较好的经济性和市场竞争性。

4.3.3 主要设计参数

“华龙一号”机组包含了 6 万多台套设备、165 km 管道、2 200 km 电缆，充分利用我国目前成熟的装备制造业体系，具有技术成熟性和完全自主知识产权，满足全面参与国内和国际核电市场的竞争要求。“华龙一号”主要技术特点见表 4.10，以及与国际主流三代核电技术（AP1000 和 EPR）相比的主要性能指标和设计特点，如表 4.11 所示。

表 4.10　“华龙一号”主要设计参数及特点

技术指标	参数	技术水平
设计寿命	60 a	国际先进
换料周期	18 个月	国际先进
机组额定功率	≥1 150	国际先进
电厂可利用率	≥90%	国际先进
设计地震地面加速度	0.3g	国际先进
电厂布置	单堆	国际先进
堆芯热工裕量	＞15%	国际先进
操纵员不干预时间	30 min	国际先进
电厂自持时间	72 h	国际先进
燃料组件数量	177 个	国际领先

续表

技术指标	参数	技术水平
安全措施	能动+非能动	国际领先
堆芯损坏频率（CDF）	＜1.28×10^{-7}/（堆·a）	国际领先
大量放射性释放频率（LFR）	＜1.22×10^{-8}/（堆·a）	国际领先

表 4.11　“华龙一号”主要性能指标和设计特点对比

指标名称	“华龙一号”	AP1000	EPR
堆芯热功率/MWt	3 050	3 400	4 500
额定电功率/MWe	≥1 100	≥1 250	≥1 600
换料周期/月	18	18	18
电厂可利用率/%	≥90	≥93	≥91
设计地震加速度/g	0.3	0.3	0.25
堆芯损坏频率/（堆·a）（三代用户要求＜1×10^{-5}）	＜1.0×10^{-6}	＜2.33×10^{-7}	＜1.1×10^{-6}
大量放射性释放频率/（堆·a）（三代用户要求＜1×10^{-6}）	＜1.0×10^{-7}	＜2.07×10^{-8}	＜9.6×10^{-8}
堆芯热工裕量	＞15%	＞15%	＞15%
电厂布置	单堆	单堆	单堆
设计基准事故投入的安全系统	能动	非能动	多重冗余，能动
超设计基准事故投入的安全系统	能动+非能动	非能动	能动
先进性能（60 年、长换料周期）	实现	实现	实现
事故后操作员不干预时间	≥30 min（非能动系统为 72 h）	≥30 min（非能动系统为 72 h）	≥30 min
设备国产化程度	设计和制造继承性好，国产化率大于 85%	消化吸收，继续加强	有待全面掌握，需要投入

“华龙一号”示范工程有望成为全球唯一按计划进度建成的三代核电机组，其主要原因也是采用成熟经验证的技术和设备，有效规避了技术或设备的不成熟性带来的风险。纵观国外 EPR 和 AP1000 项目，普遍存在严重拖期超概的情况。

4.3.4 “华龙一号”技术创新重要成果

21 世纪以来，美国、俄罗斯、法国、日本、韩国等世界主要核工业国家以第三代核电技术为牵引，抢占科技制高点，加快先进技术储备，争夺全球核电市场，加强国际话语权。全球第三代核电技术多达 12 种，是目前在建核电机组的主力，设计寿命 60 年，在整个 21 世纪都有很大发展空间。

面对世界主要核工业国家纷纷布局全球核电市场的形势，我国亟须有自己的第三代核电技术。“华龙一号”应时而出，使我国有了比肩美、俄、法、日、韩等核电强国和大国的自主三代核电技术，填补了国内自主三代核电技术的空白，使我国在先进核电技术领域挺起了腰板。“华龙一号”在设计、设备、燃料、试验验证、软件标准等方面的成果显著，有力支撑了我国由核电大国向核电强国的跨越。

作为渐进式设计的先进压水堆，“华龙一号”是基于成熟技术的。其大部分先进设计特征并非首次应用，而是基于之前核电厂的设计经验，已经在国内、国外核电项目中得到了应用和验证。

4.3.4.1 坚持设计技术自主创新，全面掌握关键核心技术

“华龙一号”突破了 177 堆芯设计，采用了能动与非能动相结合的安全设计理念，同时也优化了抗震等级、冷却剂系统、专设安全设施等设计。

（1）独创性地采用 177 堆芯设计

相对于二代核电技术通常使用的 157 堆芯设计，“华龙一号”独创性地采用 177 堆芯设计，既提高了堆芯额定功率和发电功率，又降低了燃料平均线功率密度，提高了安全性。“华龙一号”采用 18 个月长换料周期，提

高了燃料燃耗和电厂可利用率，再加上 177 堆芯大功率输出，提高了电厂的经济性。

（2）采用能动与非能动相结合的安全理念

能动与非能动相结合的安全设计理念是“华龙一号”的重大设计创新，采用 2 套能动系统和 1 套非能动系统的安全系统组合方案，非能动系统作为能动系统的补充，利用自然循环、重力、化学反应、热膨胀、气体膨胀等自然现象，在无需电源支持下保证机组安全。能动与非能动相结合的安全设计理念为各层次纵深防御提供了多样化手段，在设计基准事故时，以能动系统为主，辅以部分非能动安全手段；在超设计基准事故时，非能动系统投入运行，与能动系统共同导出堆芯余热。

（3）厂址抗震能力达到国际领先水平

为了加强电厂的抗震能力，“华龙一号”厂址设计基准地震提高到 0.3 g，达到国际领先水平。根据相应的力学分析或试验验证，“华龙一号”的安全壳、堆内构件、控制棒驱动机构、电缆桥架及支吊架等主要设备设施也达到了可以承受 0.3g 地震加速度的水平，提高了电厂整体的抗震性能。

（4）反应堆冷却剂系统采用破前漏技术

“华龙一号”反应堆冷却剂系统的主管道、波动管和主蒸汽管道采用破前漏设计技术监测管道裂纹，在管道断裂之前实现安全停堆。破前漏技术代替了高能管道双端剪切断裂设计准则，取消了一些不必要的设施，确保了反应堆的安全，降低了核电机组的复杂程度和建设费用。

（5）增设应对设计扩展工况的专用安全设施

“华龙一号”对国家核安全局新规定的设计扩展工况增加相应的预防和缓解设施。在预防和缓解严重事故方面，优化和改进安全壳外管道流量限制、蒸汽发生器防满溢、稳压器泄压能力，设置专用的后备盘台和仪控系统等措施，将操纵员不干预时间由 10 min 延长至 30 min；通过增加非能动水箱储水量和专用电池容量，并设置移动柴油发电机，使严重事故后电厂自持时间达到 72 h。“华龙一号”还通过优化主控室可居留性、建立应急设施三维模型、设置应急决策与响应综合设计平台等措施，提高电厂应急能力。

4.3.4.2 关键设备实现自主研发，实现完整核电装备供货能力

“华龙一号”首堆涉及 75 个专业，共计 6 万多台套设备，涉及 5 300 多家厂家，设备国产化率达到 85%以上。国内设计单位和装备制造企业大力协同，实现了堆内构件、先进堆芯测量系统、控制棒驱动机构、压力容器、蒸汽发生器、数字化仪控系统等关键设备自主制造，解决了“卡脖子”问题，确保关键核心技术和设备不受制于人，有效发挥了国内设备制造产能优势，带动了国内高端装备制造业整体水平和产业集群转型升级。

（1）避免容器底部发生泄漏风险的堆内构件

“华龙一号”堆内构件是我国自主设计的，核心结构经过长期广泛的实堆验证，在结构、材料和制造等方面有很高的成熟性和可靠性。堆内构件堆芯测量仪表改为从压力容器顶部引入，堆芯测量通道从顶部贯穿，在构件上部设置新型测量导向结构，为堆芯探测器提供导向和支承，避免容器底部发生泄漏风险。堆内构件还满足 0.3 g 抗震要求，适应 177 堆芯布置，对堆芯区紧固件做了改进设计，下腔室采用新型流量分配结构。

（2）实现实时测量的先进堆芯测量系统

“华龙一号”先进堆芯测量系统填补了国内三代核电技术堆芯测量系统的空白，性能指标达到国际先进水平。先进堆芯测量系统做了一系列集成，更为精简，取消了可动机电部件，降低了维修难度，从堆顶插入中子探测器和热电偶测量堆芯内部参数，通过信号处理操作，实现对燃料组件线功率密度、堆芯三维功率分布、燃料燃耗、压力容器水装量等重要指标的实时监测和在线计算，改变原来间断测量和离线计算，实时掌握反应堆运行参数。

（3）控制棒驱动机构性能指标达到世界领先水平

“华龙一号”采用自主设计的 ML-B 型控制棒驱动机构，经过 1 500 万步热态寿命和 0.3 g 抗震试验验证，各项指标均超出三代核电技术的设计要

求，达到世界领先水平，热态寿命试验运行步数更是创造世界纪录。ML-B型驱动机构是从自主并广泛应用于国内在运核电机组的 ML-A 型驱动机构发展而来，采用一体化密封壳和驱动杆行程套管，取消上下部Ω焊缝，降低承压边界泄漏频率，避免发生端塞弹射；耐压壳设计寿命 60 年；采用双齿钩爪结构设计，提高钩爪组件不检修步数；采用改进型驱动杆，提高易损件寿命和驱动杆可靠性。

（4）反应堆压力容器实现一系列改进

“华龙一号”压力容器主体材料采用具有成熟应用经验的 16MND5 锻件，通过一系列改进使寿命延长至 60 年，这些改进包括：控制堆芯区锻件材料辐照脆化敏感元素，提高材料性能、降低缺陷尺寸和缺陷产生频率；提高堆芯段筒体锻件和焊缝金属韧性；增大堆芯段筒体内径，增大吊篮与筒体间的水隙，降低压力容器内表面快中子注量。压力容器把中子注量率和堆芯温度测量探测器合成一个组件，改为从容器顶部引入，取消底部贯穿件，减小事故情况下容器下封头失效概率。压力容器还改进顶盖和堆顶结构，顶盖取消通风罩支承，设置 12 个堆顶结构支承台，与堆顶结构相适应；保温层设置屏蔽组件，降低上封头到堆水池平台的辐射剂量，降低了堆腔上部辐射水平。

（5）蒸汽发生器实现本土化制造

大型核电蒸汽发生器技术复杂、制造难度大，长期以来，一直掌握在美国、法国等少数国家手中。我国从 2009 年开始对大型蒸汽发生器进行专项技术攻关，最终掌握了用于“华龙一号”的自主知识产权 ZH-65 型大型蒸汽发生器整套设计技术，并成功实现本地化制造，打破了国外垄断和技术封锁，使我国核电设备自主设计制造水平达到新高度。ZH-65 蒸汽发生器性能处于国际领先地位，出口蒸汽湿度、蒸汽压力、功率重量比、设计寿命等主要参数全面达到并超过国外同类设备水平。ZH-65 蒸汽发生器采用小直径传热管并三角形布管，增大近 20%的传热面积，结构更紧凑；传热管支承板的管孔采用自主设计的三叶梅花形管孔技术，流动阻力小、腐蚀产物不易聚积；U 形传热管曲率更加优化，防止或缓解汽水两相流产生的微振磨损；管束弯管段创造性的设置防振条，防止或缓解流致振动造成的降质风险；干燥器使用自主设计的双钩型波形板，提高蒸汽品质；上部水平支承采用更先进的“零间隙”支承设计，抗震性能得到提高；在顶部增设检查孔，提高设备可检测性；人孔、手孔和检查孔使用自主研制的石墨密封垫片，密封性能更加可靠。

（6）主泵转速测量装置攻克技术瓶颈

我国主泵转速测量装置长期依赖进口，价格居高不下，是我国核电设计和自主化“卡脖子”的设备。“华龙一号”研发过程中通过先进积分滤波信号处理和数字逻辑电路设计等创新性工作，开发出两种型号的主泵转速测量装置，可适用于“华龙一号”，解决出口受限的问题，并兼容我国二代核电机组的备品备件要求。

此外，“华龙一号”还在主管道与波动管、堆芯测量组件拆除装置、一体化堆顶、稳压器、电气贯穿件、金属保温层、安全级电气连接器、装卸料机及辅助单轨吊、主设备弯道运输重载车、燃料转运装置、乏燃料贮存格架、新燃料运输容器、放射性废物桶外水泥固化成套装置及配方、废过滤器芯接收与厂内运输装置、安全壳过滤排放系统纤维过滤器与文丘里水洗器、双层安全壳人员闸门、反应堆压力容器整体螺栓拉伸机、堆内构件吊具、内置换料水箱过滤器、核安全级逻辑控制系统、全范围模拟机、数字化设计验证平台 22 个重要设备或部件研制成功，形成自主知识产权产品，打破长期依赖国外厂家的限制，产品达到国际先进或领先水平，解决了“卡脖子”问题。在通用设备领域，如核级泵、阀门、循环水泵、贝类捕集器、烟囱流量计、核级小三箱、1E 级电缆及热缩套管、抗震照明设备、两段式漏电继电器、卡轨及配套螺栓、电缆桥架及支吊架、井下全天候摄像机等 13 个设备也研制成功，添补国内设备空白，还降低了采购成本，如循环水泵经国产化，单台价格已从 2 600 万元降至 1 200 万元。

4.3.4.3 自主研发 CF 系列燃料组件，实现燃料组件技术跨越式发展

中核集团在 2010 年就把“压水堆燃料元件设计制造技术”（CF 燃料组件，China Fuel）列为第一批重点科技专项，研发自主先进燃料元件，同时得到国防科工局等部委大力支持。CF 项目投入经费 10 亿元，参研人员超过 800 人，形成了 CF2、CF3 和 CF4 3 种型号，用不到 10 年时间完成了国外同类产品研发需要近 30 年的工作，通过申请专利、商标、软件著作权以及技术秘密等方式，建立了完整自主知识产权体系。CF2 燃料为阶段目标，解决燃料出口受限问题，将用于“华龙一号”海外首个示范工程巴基斯坦卡拉奇 K2、K3 项目。CF3 燃料拟用于国内“华龙一号”机组。

CF3 燃料组件燃料棒采用束棒型的结构设计，呈 17×17 正方形排列，长度为 3 862.2 mm，含 1 个骨架和 264 根燃料棒。其骨架由 1 个上管座部件、8 个定位格架、3 个跨间搅混格架、24 根导向管部件、1 根仪表管和 1 个下管座部件组成，与国内二代核电站结构兼容。CF3 燃料组件主要性能指标包括：燃耗深度设计目标 55 000 MW·d/tU，可满足 18 个月循环长度要求；破损率小于 1/100 000；满足三代核电 SL-2（极限安全地震）为 0.3 g 的要求。具有优良的热工水力性能和机械性能。CF3 燃料组件的技术特征包括采用 N36 锆合金包壳、厚壁导向管、热工性能优良且具有防勾挂功能的定位格架以及具有异物过滤功能的空间曲面流道下管座等。

CF3 燃料先导组件、改进型组件先后入堆辐照，后又实现 20 组燃料组件扩大规模入堆。CF3 燃料首次在国内商用压水堆机组上进行整套试验，包括燃料组件和包壳材料辐照考验，系统完成堆外性能试验、池边检查和辐照安全评审，首次系统完成从海绵锆、管棒材成品、商用堆辐照考验和产业化应用的锆合金研制等。

4.3.4.4 完成多项试验验证，助力技术创新

针对堆芯设计、安全设计理念、抗震性能、严重事故预防与缓解等重要

技术改进项，“华龙一号”开展了大量有针对性的试验，验证改进技术的可靠性和先进性，典型试验包括堆腔注水冷却试验、二次侧非能动余热排出试验、非能动安全壳冷却试验、反应堆堆内构件流致振动试验、控制棒驱动线抗震试验、反应堆水力模拟试验、蒸汽发生器试验等。

（1）堆腔注水冷却试验验证熔融物堆内滞留

“华龙一号”设置堆腔注水冷却系统，在严重事故时滞留熔融物。堆腔注水冷却试验围绕严重事故条件下压力容器下封头外表面临界热流密度变化特性展开，建立了堆腔注水冷却系统验证平台，采用全尺寸全运行原则，设计最大表面热流密度高达 3.0MW/m^2，试验结果验证了堆腔注水冷却系统的有效性，证明了堆腔注水冷却系统投运后，压力容器不会发生热工失效，可成功实现熔融物在压力容器内滞留。

（2）二次侧非能动余热排出试验验证电厂 72 h 自持能力

“华龙一号”设置二次侧非能动余热排出系统，在发生全厂断电后投入运行，保证机组在 72 h 内维持安全状态。试验装置以系统原型设计为模拟对象，由蒸汽-水自然循环系统、水池排热系统、蒸汽排放支路和辅助系统组成，试验证明停堆后不管非能动系统是否立即投运，都能够在全厂断电 72 h 后安全排出堆芯余热。

（3）非能动安全壳冷却试验验证事故后安全导热

非能动安全壳冷却试验是利用试验装置模拟实际运行参数，验证安全壳非能动排热能力和运行特性，获取试验数据，使用全尺寸全高度试验台架，充分模拟真实严重事故工况下安全壳传热特性，证明了非能动安全壳冷却系统能够实现事故后安全导热，保障安全壳完整性。

（4）控制棒驱动线抗震试验验证机组较大的安全裕量

由于厂址基准地震提高到 0.3 g，需要验证控制棒驱动线是否满足 0.3 g 抗震要求。试验由多点激励试验装置、试验样机、模拟支架和测试仪表组成，进行 5 次基准地震试验和 1 次安全停堆地震试验，结果表明控制棒驱动线均能够两种工况下实现功能，并且试验后能够正常运行，且具有较大的安全裕量。

（5）蒸汽发生器验证试验实现综合性能的验证

“华龙一号”ZH-65 蒸汽发生器关键部件和运行参数与二代核电机组的不同，需要开展支承板水力特性、汽水分离装置性能、管束流致振动和综合性能 4 个大项 8 个子项试验，这也是国内首次对蒸汽发生器关键部件及综合性能进行的全面试验。试验结果表明支承板局部阻力系数满足要求，管板设计具有良好水力特性；干燥器在所有工况下都具有足够的干燥能力，汽水分离装置具有良好的水力与分离效果；传热管束满足流致振动要求，不会出现流致振动破坏风险；全面验证了 ZH-65 蒸汽发生器综合性能均满足设计要求。

此外，“华龙一号”还进行了堆内构件流致振动试验、反应堆水力模拟试验验证、乏燃料水池在失冷条件下安全与燃料包壳性能、内置换料水箱过滤器验证、安全壳过滤排放系统等多项试验，为“华龙一号”成功研发提供了支撑。

4.3.4.5 “华龙一号”数字化、软件标准研发取得新成果

（1）建设数字“华龙一号”，实现双“华龙”同时建设

中核集团全力打造了数字“华龙一号”，包括数字化设计和运营体系，以结构化全领域全寿期工程数据为支撑，高精度三维模型为载体，系统性地提高了核电工程设计效率和研发能力，可用于电站的运行模拟服务、关键系统的仿真验证，使电厂全寿期实现数据共享，对核电全寿期产生革命性影响。数字“华龙一号”促进核电设计改进和优化；设计周期缩短、质量提高、人员减少，提高效率；有助于施工优化、减少返工；有助于电厂延寿与退役管理；将使得费用控制更为有效，批量化建设的整体效益更为突出；增加核电产品附加值，提升市场竞争力；改变电厂管理过程与配置管理模式，更准确分析电厂运行和智能预警；三维模型增强电厂运维可视化能力，信息展现更直观、更高效。

（2）开发国内首套自主化核电软件包 NESTOR

从 2011 年起，中核集团启动“核电软件自主化”重点科技专项，从软件总体技术、堆芯设计分析等 8 个方面开展研究，通过工程化软件、适中规模和大规模软件技术开发等步骤，最终于 2015 年研发出我国完全自主知识产权的核电设计分析软件包 NESTOR。NESTOR 包含核反应堆物理设计软件、屏蔽与源项设计软件、热工水力与安全分析软件、燃料元件相关设计软件、系统与设备设计软件、核电厂运行支持软件、工程管理软件 7 个专业领域的软件。NESTOR 具有优良的工程适用性、友好的用户交互方式、先进的计算支撑平台等创新性特点，覆盖了工程设计、安全分析与核电厂运行支持等核电工程关键环节，具有计算精度高、人机界面好等特点，可用于“华龙一号”等系列核电工程，解决三代核电机组出口面临的软件知识产权障碍，对外形成核电工程软件技术转让能力，是我国核电自主创新能力的重要体现。

（3）创建中国自主标准体系

我国核电标准化主要针对二代核电厂和以 AP1000 为代表的三代非能动核电厂，自主三代核电厂的标准仍不完善，无法满足“华龙一号”的设计需要。“华龙一号”标准化示范项目主要目标是依托示范工程，利用 4 年时间（2017—2020 年），健全一套涵盖通用基础、前期工作、核电设计、设备制造、建造、调试、运行和退役等全周期的自主压水堆核电标准体系，形成与国际水平相当的国家标准，并实现标准“走出去”，标准体系建设工作包括顶层设计、原有标准梳理分析、编制中文版标准、同步制定英文版标准。截至 2019 年 6 月中旬，完成标准体系表梳理优化工作，形成包含 1 544 项的标准体系表，拟修订编制 249 项，编制了 35 个子专业 77 本设计标准梳理分析报告，目前完成行业标准初稿 9 项。

4.4 其他先进轻水堆

4.4.1 欧洲先进压水堆（EPR）

20 世纪 70 年代，法国经历过发展自主设计的气冷堆技术和引进美国西屋公司的压水堆技术的抉择，最终确定放弃气冷堆技术，从美国西屋公司引进压水堆核电技术，首先经历 CP0（300 MW 容量）、CP1 和 CP2（900 MW 容量）核电机组的建设；从 1977 年起，采用西屋公司四环路 14ft 燃料组件（M414）的核电技术，电功率达到 1 300 MW 级容量，建设了 20 余台 P4/P’4 核电机组（P4 在 P’4 基础上降低安全壳的直径和高度有效提升了核电机组的经济性）；从 1984 年起，进一步提升功率，采用 CAD 辅助设计，开发、建造 150 万千瓦级的 N4 型四环路核电机组。

20 世纪 90 年代末，在法国国内核电机组基本饱和的情况下，为了保留核电人才，发展技术，法国法玛通公司和德国西门子公司联合开发新一代压水堆核电机组 EPR，目标是根据欧洲用户要求设计新一代核电机组，设计中综合考虑法国 N4 核电站和德国 Konvoi 核电站的优点和运行经验反馈（主回路设计和布置与法国 N4 机组相近，堆芯测量和控制棒导向管设计原则以德国 Konvoi 为基础），是全面满足 EUR 文件的第三代改进型先进压水堆核电厂，并通过法国和德国核安全当局的审核批准。EPR 是改进型的三代核电技术，基于能动设计思想，燃料组件的活性段有效高度为 4.27 m（14ft），装载 265 盒 17×17 组件排列的燃料组件。

2018 年 12 月 13 日我国广东台山 1 号机组已经投入商运，这是全球首台实现并网发电的 EPR 三代核电机组。

4.4.2 俄罗斯 VVER-1200 核电技术

俄罗斯 VVER 反应堆型号是俄开发的一系列轻水冷却、轻水慢化的压水堆的总称。VVER 最早开发于 20 世纪 60 年代。第一台 VVER 机组（新沃罗涅日一号机组）V-210（电功率 210 MW 于 1964 年服役）由俄罗斯国家原子能公司 Rosatom 的下属单位 OKB Gidropress（水压试验设计院）所设计。后续 Gidropress 又陆续设计和建造了 VVER-440（6 环路），VVER-1000（4 环路），VVER-1200 等堆型，电功率分别为 440 MW、1 000 MW 和 1 200 MW 量级，其中 VVER-1000 和 VVER-1200 属于三代先进反应堆核电厂。

俄语缩写 VVER 代表“水-水高能反应堆”（水冷水控能源反应堆）。该设计是一种压水反应堆（PWR）。与其他压水反应堆相比，VVER 反应堆的主要特点包括卧式蒸汽产生器、六角形反应组件、压力容器中无底部穿透、大容量调压器可提供大量反应堆冷却剂库存。

VVER-1200 的 V-491 和 V-392M 反应堆本身（包括核蒸汽供应系统 NSSS 等）都是由 Gidropress 设计，反应堆以外的核电厂部分则分别由圣彼得堡原子能设计院和莫斯科原子能设计院设计并施工。V-491 和 V-392M 两种堆型的设计大体上是相同的，如采用相同的构筑物、部件、设备和管道，满足设计基准相同的工程方法以及相同的反应堆系统和设备特性。两种堆型都采用了能动和非能动安全系统相结合的办法来满足三代加核电厂的可靠性水平。但两种堆型采用了不同的反应堆安全系统，V-491 的安全系统更多地采用能动设计，而 V-392M 的安全系统更多地采用非能动设计，设计中尽量避免冗余以获得电厂建造运行高的经济型。

基于 V-491 和 V-392M 两种 VVER-1200 的设计，Gidropress 又进一步设计出了更大功率的 VVER-1300（电功率 1 300 MW 级别，又称 VVER-TOI），与 VVER-1200 相比，VVER TOI 的功率更高，设计寿命由 50 a 提高到 60 a，机组可用率由 91%提高到 93%。在发生超设计基准事故后，不干预的时间由 24 h 提高到了 72 h，具有更高的安全性。机组建造周期更短，抗大飞机撞击的性能更好，其中 VVER-TOI 是俄罗斯未来重点发展的主流堆型。

VVER-1200 的功率达到 120 万 kW，装载 163 盒六面体燃料组件，采用能动和非能动安全系统相结合的办法来满足三代加核电厂的可靠性水平，可实现事故后 24 h 无操纵员和外部电源支持。田湾 7/8 号机组和辽宁徐大堡 3/4 号机组于 5 月 19 日起陆续开工建设。4 台机组均采用俄罗斯设计的 VVER-1200/V491 型反应堆装置，单台机组装机容量为 1 274 MW，运行寿命 60 a，大型三代先进压水堆总体和反应堆参数如表 4.12 所示。

表 4.12　大型三代先进压水堆总体和反应堆参数

参数	AP1000	EPR	VVER（AES2006）	“华龙一号”	“国和一号”
总功率/MW	3 400	4 590	3 200	3 050	4 040
环路数量/个	2	4	4	3	2
运行压力/MPa	15.5	15.5	16.2	15.5	15.5
压力容器入口温度/℃	179.4	294.6	298.2	291.5	283.1
压力容器或堆芯出口温度/℃	322.3	329.7	328.9	328.5(1)	324.9
组件数目/盒	157	241	163	177	193
组件排列	17×17	17×17	六面体	17×17	17×17
组件燃料棒数目/根	364	265	312	264	264
活性区高度/ft	14	14	12.3	12	14
活性区高度/m	4.27	4.27	3.75	3.66	4.27
燃料棒棒径/mm	9.5	9.5	9.1	9.5	9.5
平均线功率密度(2)/（kW/m）	18.7	16.4	16.3	17.3	18.1
最大的热点因子	2.60	2.82	2.50	2.40	2.60
最大的线功率密度/（kW/m）	48.7	46.3	40.9	41.7	47.1

注：（1）此温度为堆芯出口温度。

（2）未考虑燃料的密实化因子，仅考虑燃料棒有效长度，统一原则计算。

复习思考题

1. 与二代核电技术相比，三代核电技术具有哪些显著特点？

2. 目前三代核电技术建设标准的主要依据是什么？

3. AP1000 机组的主要技术特征有哪些，采用非能动设计的主要优势在什么地方？

4. 机械补偿控制模式是如何调节反应堆功率，这种控制模式具有什么优缺点？

5. 相比于 AP1000 核电技术，CAP1400 在设计上面主要做了哪些优化？

6. “华龙一号”如何通过在设计上的创新提高经济性和安全性？

7. “华龙一号”在安全设计方面最典型的特点是什么，这样设计的主要考虑是什么？

第 5 章　先进核能技术

为了进一步提高核电的经济性和安全性，减少核废物的产生，弱化场外应急，并能防止核扩散，美国能源部提出了第四代核能系统 GIF，主要包括高温气冷堆、钠冷快堆、熔盐堆、超临界水堆和铅冷快堆 6 种反应堆。小型模块化核反应堆，因其具备固有安全性高、核燃料可循环、物理防止核扩散和更优越的经济性等特点，是未来核能发展的方向之一；加速器驱动次临界反应堆因其具有较好的核废物嬗变能力，也成为未来先进核能系统的热点。图 5.1 为核能系统发展技术路线。

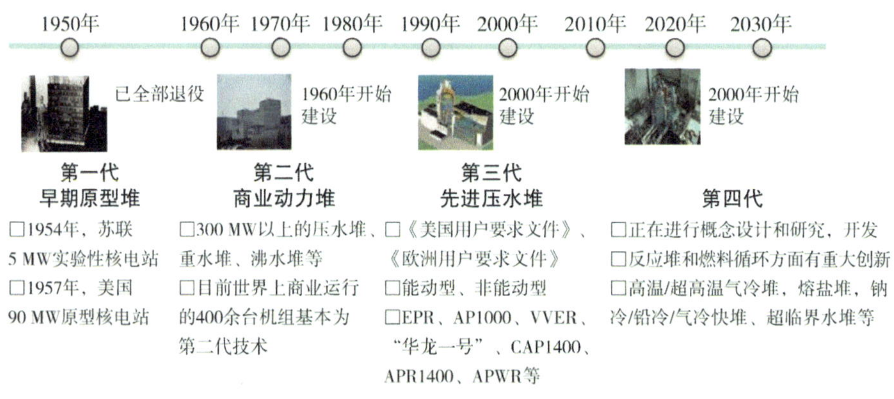

图 5.1　核能系统发展技术路线

5.1　第四代核能系统

第四代核能系统必须具有 4 个重要的特征：①核能的可持续利用：通过对核燃料的有效利用，实现提供持续生产能源的手段、实现核废物量的最少化；②经济性：发电成本优于其他能源，资金的风险水平能与其他能源相比；③安全与可靠性：大幅降低堆芯损伤的概率及程度，并具有快速恢复反应堆运行的能力，取消在厂址外采取应急措施的必要性；④防扩散与实物保护：保证难以用于核武器或被盗窃。

第四代核能系统由美国能源部在 1999 年提出。2002 年美国联合 10 余个国家、机构提出将钠冷快堆、铅冷快堆、气冷快堆、超临界水冷堆、超高温气冷堆、熔盐堆 6 种堆型确认为重点研发对象，预计将于 2030 年开启商业化进程。第四代核能系统国际论坛首次针对第四代核电设置经济指标，要求核电机组单位投资不大于 1 000 美元/kW、发电成本不大于 3 美分/（kW・h），同时建设周期从第三代核电的 54 个月降低至 36 个月以下。表 5.1 为第四代核电技术部分目标。

表 5.1　第四代核电技术部分目标

经济性	安全性
核电机组比投资不大于 1 000 美元/kW	堆芯融化概率低于 10^{-6} /（堆・a）
发电成本不大于 3 美分/（kW・h）	完全无场外放射性释放
建设周期不超过 3 a	人为错误不会导致严重事故，不需要厂外应急措施
不依赖铀资源的先进燃料循环	防扩散能力强

更高的安全性。第四代核电堆芯融化概率低于 10^{-6} /（堆・a）、无场外放射性释放、人为错误不会导致严重事故、不需要厂外应急措施等要求。通过加强专设安全系统，设置坚固而大容积的安全壳，收严安全裕量基准，提高新一代核电的抗事故能力。表 5.2 为几代核电技术主要参数对比。

表 5.2　几代核电技术主要参数对比

参数	二代	二代加	三代	四代
堆芯熔化概率/（堆・a）	1.0×10^{-4}	1.0×10^{-4}	小于 1.0×10^{-5}	小于 10^{-6}
大量放射性向环境释放概率/（堆・a）	1.0×10^{-5}	1.0×10^{-5}	小于 1.0×10^{-6}	0

提高燃料循环利用率。快堆利用热堆乏燃料后处理分离出的钚制成MOX燃料，在快堆内进行多轮闭式循环，铀资源利用率可由近0.6%提升至30%，同热堆一次通过模式相比提升了50倍。表5.3为世界燃料循环模式对比。

表5.3 世界燃料循环模式对比

循环模式	适用堆型	铀资源利用率	采用国家	技术特点
一次通过	热堆	0.58%	瑞典、芬兰、加拿大、美国	热堆乏燃料暂存数十年后作为废物进行地质深埋
一次循环	热堆	0.98%	法国、英国、美国、俄罗斯、韩国、日本、印度、中国	热堆乏燃料后处理提纯铀和钚，返回热堆中再次使用
闭式循环	快堆	＞30%		热堆乏燃料后处理分离钚制成快堆燃料（MOX燃料或金属燃料），燃料在快堆内燃烧并增殖，快堆乏燃料再进行后处理/再循环

5.1.1 高温气冷堆

（1）概述

初期，气冷堆是以石墨作为慢化剂，二氧化碳或氦气作为冷却剂的反应堆，石墨气冷堆也是世界上出现较早的堆型之一，这种堆用天然铀石墨慢化反应堆来生产钚，以此来制造核武器。20世纪50年代中期以后，气冷堆开始成为发电用的商用化动力堆。

英国在1956年建成电功率为50 MW的卡特霍尔气冷堆核电站，采用石墨作为慢化剂，二氧化碳气体作为冷却剂，金属天然铀作为燃料，镁诺克斯（Magnox）合金作为燃料棒的包壳材料，称为镁诺克斯气冷堆。20世纪70年代初期，在英国、法国、意大利、日本等国家相继建造和运行了镁诺克斯型堆。图5.2为一个有代表性的镁诺克斯型堆结构图，这种堆对核能早期进入商用化市场起了很大作用。这种堆型的特点：一是石墨中子吸收截面小，慢化性能好，能利用天然铀作为燃料，这对没有分离铀同位素能力的国家是十分重要的；二是与水冷堆相比，气体冷却剂能在不高的压力下得到较高的出口温度，可提高电站的二回路蒸汽参数，从而提高了热效率，但由于镁合金包壳不能承受高温，限制了二氧化碳气体的出口温度，因而限制了反应堆热工性能的进一步提高；三是可以在带功率运行时连续换料，提高了电站利用率。

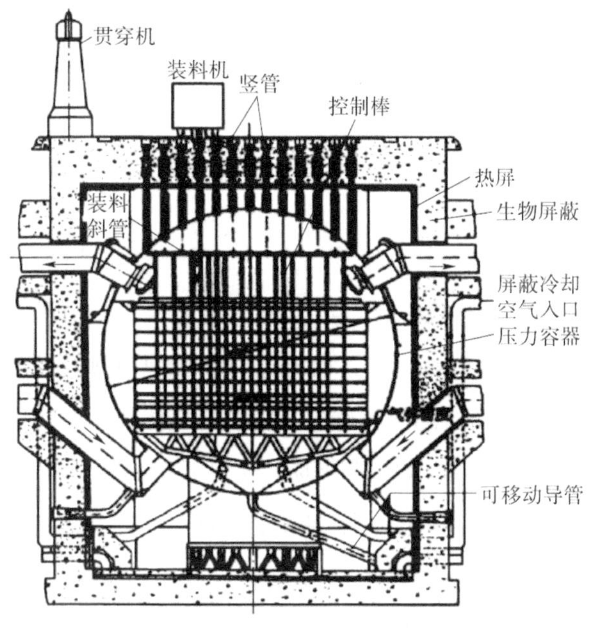

图 5.2　镁诺克斯气冷堆

高温气冷堆是气冷堆的进一步发展，以提高其热工参数。高温气冷堆采用耐高温的涂敷颗粒燃料元件，化学惰性和热工性能良好的氦气作为冷却剂，耐高温的石墨材料作为慢化剂和堆芯结构材料。英国从 20 世纪 60 年代起就开始研究发展高温气冷堆技术，与此同时，美国和德国也开始积极发展高温气冷堆。

我国高温气冷堆技术的研发工作，始于 20 世纪 70 年代后期，是以清华大学核能与新能源技术研究院为主开展的。研发大致分为 3 个阶段。

第一阶段是 1974—1990 年，为早期探索阶段，重点进展是列入国家高科技研究发展计划核能领域的重点项目，开展关键技术研究。

第二阶段是 1990—2003 年，是实验堆建设阶段，建设清华大学 10 MW 高温气冷实验堆 HTR-10。

第三阶段是 2003—2020 年，在国家高科技研究发展计划的支持下开展 10 MW 高温气冷实验堆的运行与安全试验，在国家核能开发计划的支持下开展工业示范电站的前期和关键技术研究，在国家“2006—2020”科技重大专项的支持下建设山东石岛湾 20 万千瓦级核电站示范工程（HTRPM）。2020 年 10 月 19 日，华能石岛湾核电高温气冷堆示范工程首台反应堆冷态功能试验一次成功。2021 年 9 月 12 日，华能石岛湾高温气冷堆核电站示范工程一号反应堆成功临界。

（2）球形包覆颗粒燃料

高温气冷堆的核燃料是富集度约为 10%的 UO_2，或高富集度铀加钍的氧化物（或碳化物）制成直径约为 0.6 mm 的颗粒，外面再涂敷 3～4 层热解碳和碳化硅（SiC）涂层，图 5.3 为高温气冷堆包覆颗粒及球形燃料元件。颗粒的最内层是一层疏松的热解碳层，用来为气体裂变产物提供储存空间，并缓冲温度应力、吸收颗粒的辐照及防止裂变反冲核对外层造成损伤；第二层为高密度热解碳层，用来防止金属裂变产物对 SiC 层的腐蚀并承受部分内压；第三层 SiC 层是承受内压及阻挡裂变产物外逸的关键层；第四层为高密度热解碳层，主要用来保护 SiC 层免受外来机械损伤。涂层的总厚度 100～200 μm，燃料颗粒的直径＜1 mm。这种燃料颗粒的包覆层犹如微型压力壳，在 1 200～1 300℃下运行时，泄漏出去的裂变产物不到生成的十万分之一，而且能耐受多次热循环而不失效。

将这些颗粒燃料弥散在石墨基体中制成柱状或球状燃料元件。这种燃料元件不需要金属包壳，而其中石墨既作燃料元件的结构材料又作中子慢化剂。

燃料元件的形式基本上可分为两类：一类是球形元件，是采用 6 cm 直径的石墨球，内部是涂敷颗粒和石墨基体压制成的密实体，外部是石墨球壳；另一类是柱形元件，它可以是圆棒或管形，也可以是内装细棒状密实体的六角棱柱块。

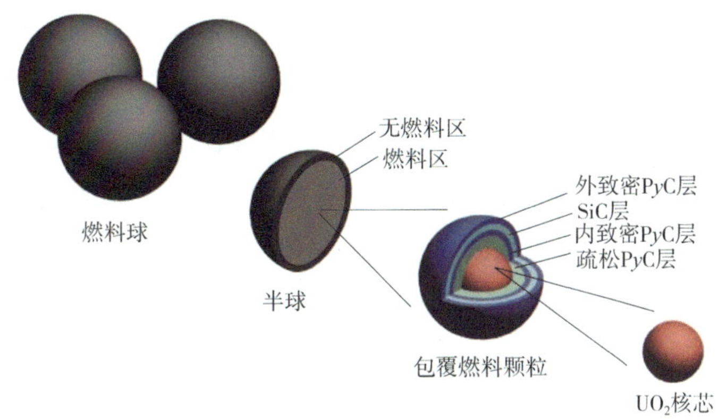

图 5.3　高温气冷堆包覆颗粒及球形燃料元件

（3）堆型结构

堆芯结构基本上也分为两类：一类是球床堆，另一类是棱柱堆。堆芯一般是圆柱形的，四周围有石墨反射层，反射层外有金属热屏蔽，整个堆芯装在预应力混凝土压力壳内。

在棱柱堆中，堆芯由燃料元件棱柱块和反射层石墨棱柱块砌成。一个 1 000 MW 的堆芯包含约 450 根立柱，每根立柱由 8 块宽 359 mm、高 793 mm 的六角形燃料元件棱块叠置而成。棱柱块中开有冷却孔道、控制棒和 B_4C 小球停堆装置孔道以及为装卸料操作用的起吊孔。燃料按径向和轴向分区装载。柱床型堆芯中，堆芯布置可以改变，可做成环形堆芯和柱形堆芯；反射层可以更换，可用耐辐照性能差、寿命短的石墨；堆芯有固定的冷却剂流道，流动阻力和风机功率较低。因需要沿堆芯轴向装载不同含铀量的燃料元件，来降低轴向功率不均匀因子，因此装卸料比较复杂。

球床型高温气冷堆反应堆模块堆芯为圆柱形。由于功率密度低，堆芯体积比压水堆要大得多。堆芯等效高度 11 m，直径 3 m，内装 42 万个全陶瓷型包覆颗粒燃料元件球。每个燃料元件球直径为 60 mm，球中包含有 12 000 个燃料颗粒。包覆颗粒核芯为 0.5 mm 直径的二氧化铀小球，铀-235 初始富集度为 8.9%。核芯外面包覆有一层低密度热解炭、两层高密度热解炭和一层碳化硅，包覆后的燃料颗粒直径为 1.0 mm。辐照试验和运行经验证明，在

1 620℃高温下，致密的碳化硅包覆层仍能保持其完整性，能把放射性裂变产物几近全部阻留在燃料颗粒内。球形燃料元件从堆芯顶部装入，从堆芯底部卸料管卸出，通过装卸料机构实现不停堆连续装、卸核燃料，并且燃料元件多次通过堆芯循环使用。球床堆芯的优点是：元件容易制造，实现不停堆，连续换料方便，功率分布和燃耗深度比较均匀。缺点是：装卸料系统比较复杂，反射层更换困难，需要采用耐辐照寿命长的高品质石墨。图 5.4 为球床型高温气冷堆一回路系统示意图。

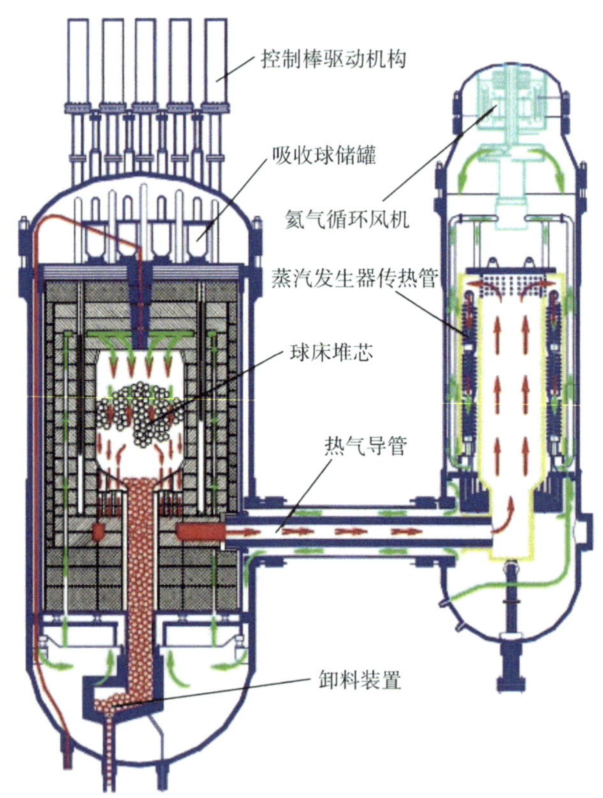

图 5.4　球床型高温气冷堆一回路系统示意

堆芯四周为陶瓷结构，由内层的石墨反射层和外层的碳砖绝热层构成。由于没有金属部件，堆芯结构部件能承受高温。整个陶瓷结构设置在金属堆芯壳内，堆芯壳支撑在反应堆压力容器内。堆芯壳与压力容器通过 250℃的冷氦气进行冷却，以保证金属结构不承受高温。反应堆压力容器为承压设备，直径 5.7 m，高 25 m，重 660 t。

大型高温气冷堆一般都采用预应力混凝土壳，堆芯和整个一回路（包括蒸汽发生器和氦风机）都安装在壳内，混凝土壳内的氦气压力为 4～5 MPa，由圆周方向和轴向预应力钢索承受。预应力混凝土壳既是一次冷却系统的压力容器，又是堆的生物屏蔽层。壳内设备布置方式可以不同：有些采用单腔式，也就是蒸汽发生器和风机放在同一腔内的堆芯侧面。但目前大型高温气冷堆的设计趋向于采用多腔式结构，即堆芯在中心空腔内，而蒸汽发生器和风机布置在四周侧壁内的较小空腔内。

蒸汽发生器和主氦风机设置在蒸汽发生器壳体内，壳体上部是主氦风机。壳体与反应堆压力容器之间用热气导管壳体相连接。主氦风机的功用是确保氦气在一回路中的循环。一回路工作压力为 7.0 MPa，堆芯入口氦气温度为 250℃，经堆芯加热后，出口氦气温度达到 750℃。热氦气通过热气导管内环管进入蒸汽发生器，把热量传给二回路的水，并产生 14.3 MPa、540℃的过热蒸汽。完成热交换的氦气温度降到 250℃，并经主氦风机加压后，通过热气导管外环管返回到反应堆，构成一回路的氦气闭合循环。反应堆压力容器、蒸汽发生器壳体与热气导管壳体组成的一回路压力边界，保证不会发生放射性气体的大量释放。

一回路舱室、氦净化系统舱室、燃料装卸系统舱室等安装在一个混凝土屏蔽舱室内，称为“包容体”，保证气体有控制地释放，对环境的影响降到最小。包容体不具备承压的功能。由于全部一回路系统都安装在预应力混凝土反应堆容器内，不必使用外部冷却剂管道，这就减少了发生冷却剂丧失事故的可能性。而且预应力混凝土反应堆容器在设计建造时都留有足够裕量，因此反应堆容器一般不会发生突然破坏事故。然而，通常还是加上普通钢筋混凝土安全壳。高温气冷堆的冷却剂出口温度高，因此电站的热效率较高，可与新型火电站相媲美；堆内没有金属结构材料，中子寄生俘获少，转换比高达 0.8～0.85。

图 5.5 为新型的高温气冷堆核电厂的流程示意图。在鼓风机的输送下，

氦气流经堆芯带出裂变释热后，在蒸汽发生器内使二回路的水变成蒸汽，蒸汽进入汽轮机做功以驱动发电机。

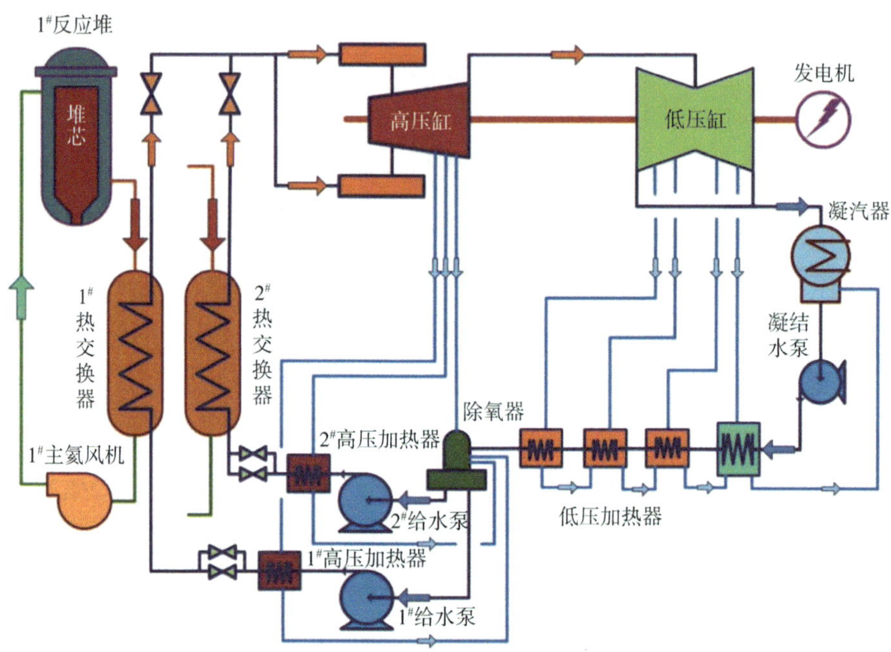

图 5.5　高温气冷堆核电站的流程示意

有的高温气冷堆可将堆芯引出的 750～850℃高温氦气直接作为工质送入氦气透平做功发电。在一些发展中国家和地区，需要能适合小电网、造价低、安全性好的核电站。国际原子能机构建议开发氦气透平直接循环的小型模块式高温气冷堆。反应堆内流出的高温氦气直接进入氦气透平做功，全厂热效率接近 50%，发电成本可低于 3 美分/（kW · h）。

高温气冷堆核电站示范工程核岛采用球床模块式高温气冷堆（HTR-PM），常规岛采用火电厂成熟的亚临界汽轮发电机组方案。具体地说，两个热功率为 250 MW 的球床型高温气冷堆模块，配一台蒸汽轮机，电功率为 200 MW。模块式高温气冷堆具有固有安全性，即反应堆在任何事故下，不借助能动的安全系统，反应堆燃料元件的温度不超过设计限值 1 620℃，不会发生堆芯熔化、放射性大量释放的严重事故。

5.1.2　超临界水反应堆

（1）概述

超临界水反应堆（Super Critical Water Reactor，SCWR）使用超临界水作为工作流体。超临界水反应堆是第四代核能系统中唯一的水冷反应堆，图 5.6 为 GIF 发布的超临界水堆示意图。超临界水堆本质上是具有更高运行压力和温度的轻水反应堆，它采用直接循环方式实现能量转换，与常规的轻水堆相比，它具有设备简化、高效率、可持续性和技术延续性等优势。

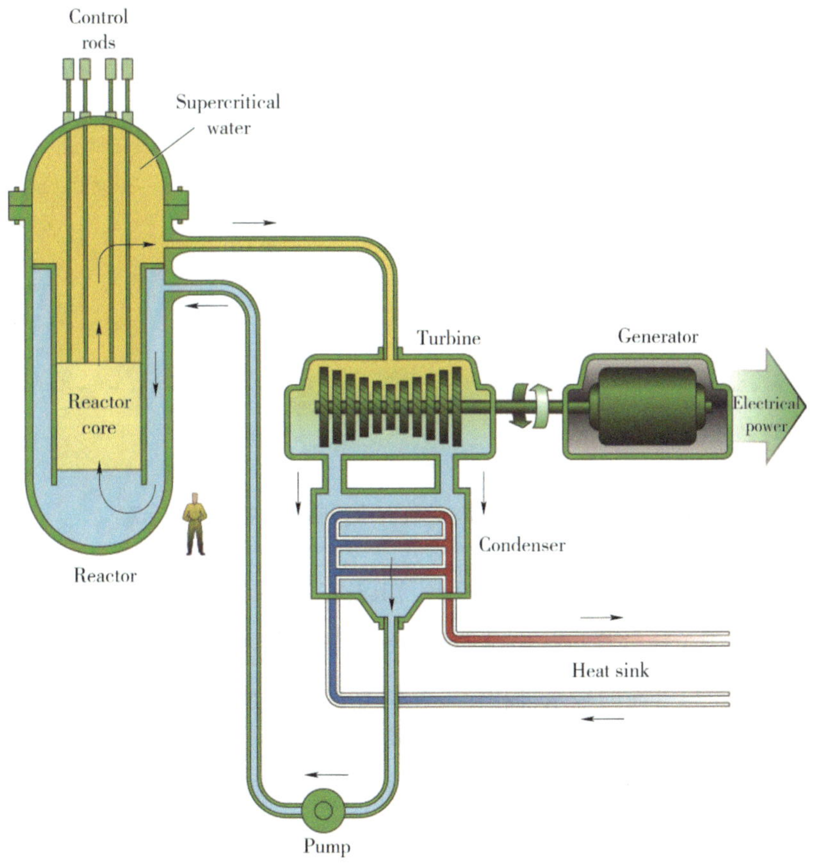

图 5.6　超临界水堆结构示意

水是大自然界中广泛存在的流体，人们很早就认识到了水的气-液-固三态变化现象。在大气压下，水的冰点为 0℃，沸点为 100℃。对于超临界水，其临界点参数为压力 221 MPa，温度为 374℃。

超临界流体具有自己特有的物理和化学性质，其物理属性融合了气体和液体的某些特性。超临界流体对应比热容最大位置的温度称为拟临界温度，在拟临界点附近存在大比热区（图 5.7）。所谓比热，是指单位质量流体温度每升高或降低 1℃，吸收或者放出的能量。流体的比热越大，意即单位质量流量所携带的能量越多，载热能力越强。拟临界点之前为高密度、高黏度的类液态流体，在拟临界点之后为低密度、低黏度的类气态流体，类液态向类气态的相态转变为连续过渡，即连续相变，区别于亚临界流体气液两相的阶跃相变。

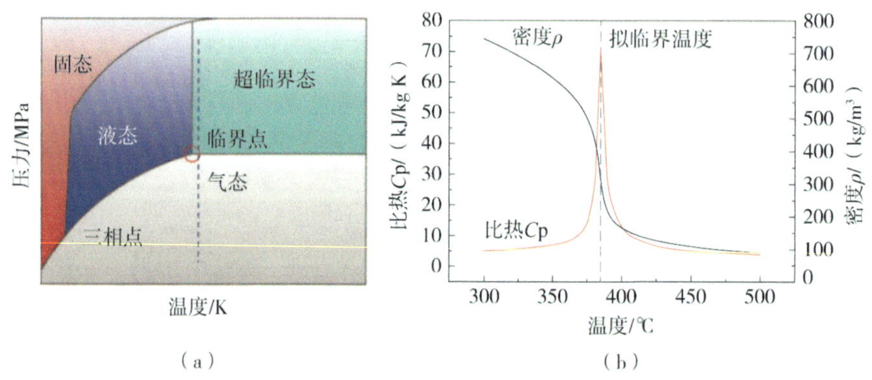

图 5.7　水工质相态图与超临界水拟临界区物性畸变示意

超临界水堆的工作介质水是在超过其热工临界点的温度和压力（374℃，22.1 MPa）下工作这样可使电站的热效率达到 45%左右，单机组电功率可达 1 700 MW。与目前的轻水堆相比，超临界水堆有如下优越性。

①对于相同的功率，超临界水堆的比焓升高、流量低，因此，一回路泵和管道的尺寸小，泵的功率消耗低。

②由于直接热力循环、无蒸汽发生器、流体的密度低等因素，使一回路系统冷却剂的总存量较小，因此，安全壳的尺寸也较小。

③由于反应堆的冷却剂即为汽轮机的工作介质，不存在相变过程，因

此，不会发生燃料元件表面 DNB 引起的包壳烧毁破损。

④与常规压水堆相比，可省去蒸汽发生器；与沸水堆相比，可省去汽水分离器、再循环泵等设备，系统大为简化。

⑤由于堆芯冷却剂密度低，因此，SCWR 可设计为热堆，也可设计为快堆，堆芯设计则有两种方案：热中子谱方案和快中子谱方案。相应有两种燃料循环方案：热中子谱反应堆上的开式循环，一次通过方案；快中子谱反应堆上的闭式循环方案。

（2）研究意义

超临界轻水堆是轻水堆的进一步发展，在已有压水堆技术和相应的配套研发设施、设备制造能力基础上研发超临界水堆，能与成熟的压水堆技术很好地衔接。

超临界火电机组在世界范围内包括在我国的应用均已是成熟技术，超临界水堆机组的常规岛易与之结合。它可借鉴超临界火电机组耐高温材料和水处理控制技术的经验。

超临界水堆是在较高压力和温度下运行的轻水堆。由于冷却剂在超临界状态时不发生相变，可直接与能量转换设备相连，从而使轻水堆的系统和设备大幅简化，继而核电站的造价和运行成本大大降低，经济性明显改善。冷却剂平均密度较低，可灵活设计堆芯中子能谱，超临界水堆不仅能设计成热堆，也能设计成快堆，这意味着超临界水堆有提高燃料利用率的潜力。

超临界水堆的热效率高发电成本低，热效率可达 45%（介于超高温气冷堆和钠冷快堆之间），与轻水堆相比，更利于有效利用和节省铀资源，有利于核电的可持续发展。

（3）国外超临界水堆研究现状

超临界水堆比较完整的概念设计最早出现于 20 世纪 90 年代，日本东京大学的 Oka 教授借鉴沸水堆经验，提出了一套完整的超临界水堆设计方案。在 20 世纪 90 年代末和 21 世纪初期，世界各国提出了多种设计方案，包括欧盟高性能超临界轻水堆（HPLWR）、加拿大超临界重水堆

（CANDU-SCWR）、美国超临界水堆（American SCWR）、韩国超临界水堆（SCWR-R）。

我国国家“973”“超临界水堆关键科学问题的基础研究”项目由上海交通大学牵头，组织了科研院所和相关高校进行了基础科学研究。上海交通大学程旭教授于2008年提出了混合能谱超临界水堆SCWR-M，同时针对该设计开展了大量研究。全部燃料组件分为快谱区和热谱区，快谱区在内圈，热谱区在外圈。冷却剂进入堆芯后，全部自上而下经过热谱区，随后自下而上经过快谱区，最后流出堆芯。热谱区的燃料组件在轴向燃料富集度由上到下分为5%、6%、7%三段，采用双排燃料棒+水洞模式的布置。快谱区轴向燃料成分由MOX和乏燃料间隔布置，布置形式为密集布置。中国核动力研究设计院在2012年提出了一种新的热谱堆型CSR1000。该堆型采用了和欧洲超临界水堆相同的燃料棒绕丝布置，同时燃料组件采用了十字形控制棒设计方式。在堆芯流道结构中，外部燃料组件是CSR1000的第一流程燃料组件，冷却剂流动方向为从上至下；内部燃料组件为第二流程燃料组件，冷却剂流动方向为从下至上。所有燃料组件的下端均进行节流。堆芯给水从主给水管线进入堆芯后，分为4部分：①第一流程冷却剂流量占总量的35.9%；②第一流程慢化剂流量为总量的10.8%；③第二流程水棒慢化剂流量为总量的30.0%；④下降环形腔流量为总量的23.3%。所有冷却剂在堆芯底部混合腔充分搅混后，沿第二流程冷却剂通道自下而上流出堆芯。超临界水堆的几种典型概念设计参数见表5.4。

表 5.4　不同超临界水堆概念设计

参数	SCW-CANDU	HPLWR	SCLWR-H	SCFBR-H	SCWR	B-500-SKDI	ChUWR	ChUWFR	KP-SKD
参考设计	Bushby 等. 2000	Squarer 等. 2003	Yamaji 等. 2004	Oka，Koshizuka. 2000	Bae 等. 2004	Silin 等. 1993	Kuznetsov. 2004	Gabaraev 等. 2003	Kuznetsov. 2004
国家	加拿大	欧盟	日本	日本	韩国	俄罗斯	俄罗斯	俄罗斯	俄罗斯
机构	AECL	欧盟	东京大学	东京大学	KAERI/Seoul NU	Kurchatov Institute	RDIPE (НИКИЭТ)	RDIPE (НИКИЭТ)	RDIPE (НИКИЭТ)
堆类型	压力管	压力容器	压力容器	压力容器	压力容器	压力管	压力管	压力管	压力管
能谱	热谱	热谱	热谱	快谱	热谱	热谱	热谱	快谱	热谱
热功率/MW	2 540	2 188	2 740	3 893	3 846	1 350	3 730	2 800	1 960
电功率/MW	1 140	1 000	1 217	1 728	1 700	515	1 200	1 200	850
线释热率/（MW/m）		39/24	39/18	39	39/19		38/27		69/34.5

续表

参数	SCW-CANDU	HPLWR	SCLWR-H	SCFBR-H	SCWR	B-500-SKDI	ChUWR	ChUWFR	KP-SKD
热效率/%	45	44	44.4	44.4	44	38.1	44	43（48）	42
压力/MPa	25	25	25	25	25	23.5	24.5	25	25
入口温度/℃	350	280	280	280	280	355	270	400	270
出口温度/℃	625	500	530	526	508	380	545	550	545
流率/（kg/s）	1 320	1 160	1 342	1 694	1 862	2 675	1 020		922
堆芯高度/m		4.2	4.2	3.2	3.6	4.2	6	3.5	5
堆芯直径/m	~4		3.68	3.28	3.8	2.61	11.8	11.4	6.45
燃料	UO_2/Th	UO_2/MOX	UO_2	MOX	UO_2	UO_2	UC	MOX	UO_2

5.1.3 钠冷快堆

（1）概述

钠冷快中子堆是目前使用较多的一种快中子堆，它是以液态金属钠为冷却剂，其由快中子引起核裂变并维持链式反应的反应堆，其示意如图 5.8 所示。

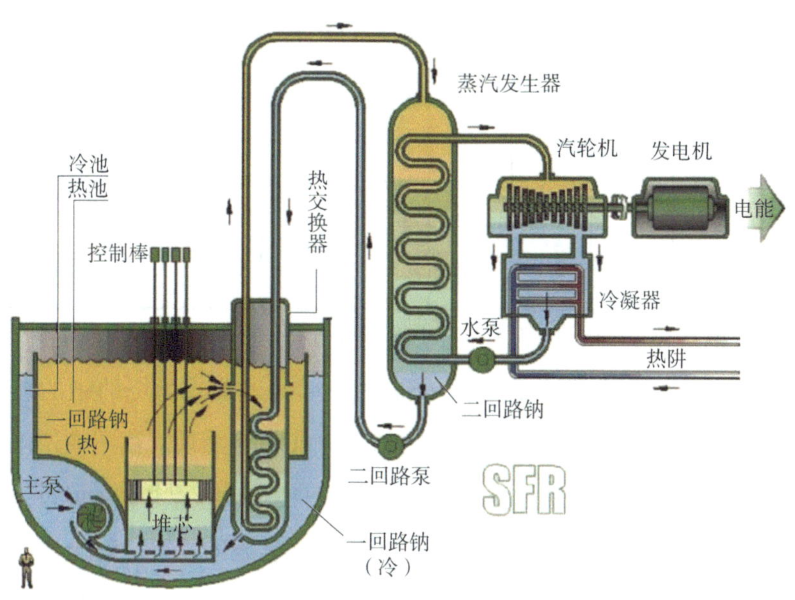

图 5.8 钠冷快堆示意

（2）钠冷快堆的安全特性

金属钠在热物性上的优点主要表现在：熔点低，易于熔解使用；沸点高，不易沸腾产生钠气泡；密度低于水，节省泵功率等。此外，更重要的是，在反应堆运行情况下，钠的热导率要比水高百倍以上（表 5.5），从而保证堆芯和燃料不易过热。CEFR 的一回路钠池中有 260 t 钠，一般大功率商用池式钠冷快堆的一回路中甚至有上千吨钠，堆芯有较大的热惰性，这对事故瞬变具有较强的适应能力。同时，钠冷快堆几乎在常压下运行，这给反应堆和一回路系统的安全设计带来较大的固有优势。

表 5.5 常用冷却剂物性

物性	Na	NaK	Hg	Pb	Pb-Bi	He	H_2O	H_2O
	450℃	450℃	450℃	450℃	450℃	450℃/6 MPa	280℃/6.4 MPa	342.16℃/15 MPa
熔点/℃	98	−12.6	−38.9	327.6	208.2			
沸点/℃	883	784	356.7	1 743	1 638			
密度/（kg/m^3）	844	759	12 510	10 520	10 150	3.955	610.7	758.0
热容/［kJ/（kg·K）］	1.272	0.873	0.13	0.147	0.146	5.193	8.95	5.29
热导率/［W/（m·K）］	71.2	26	13	17.1	14.2	0.289 3	0.456	0.577 7
运动黏度/（$10^{-4}\ m^2/s$）	3.0	2.4	0.60	1.9	1.4	357.9	1.14	1.239

由于钠是化学性质极活泼的金属，当管道或设备破损发生钠的泄漏时，泄漏的钠与空气接触发生燃烧形成钠火。以池式形式燃烧的钠的燃点在250℃以上，而喷雾或微粒状的钠在低于 120℃就会爆燃。由于在快堆中所有钠系统外围都设置了保温层，因此几乎不可能造成喷雾爆燃，但设计中仍考虑了一旦发生此类情况时将采用泄压保护的措施的情况。对于钠的泄漏事故则采用铺设于钠系统下方的非能动的钠接收盘，以保证泄漏的钠约93%不会燃烧。钠接触水则发生钠水反应：

$$Na + H_2O \longrightarrow NaOH + \frac{1}{2} H_2$$

钠冷快堆二回路的钠在蒸汽发生器的传热管外流动，将热量传递给传热管中的水/蒸汽，使之产生过热蒸汽而进入汽轮机发电。蒸汽发生器中的传热管如有泄漏，水/蒸汽进入钠中将会发生钠水反应，并产生氢氧化钠和氢气，随之产生大量的热。骤然膨胀的氢气泡将产生以声速传播的冲击波和随之而来的压力波。事故发生后，蒸发器事故保护系统的启动可有效缓解事故后果。因二回路钠几乎无放射性，故与二回路泄漏产生的钠火一样都属于工业事故，不会造成放射性物质释放。

（3）国内外研究现状

美国、俄罗斯、英国、法国、日本、印度和中国等已经建造过包括实验堆、原型堆和经济验证性堆等类型的钠冷快堆，积累了约 300 堆 · 年的运行经验。

1951 年，由美国能源部阿贡国家实验室设计和建造的实验性增殖反应堆一号 EBR-Ⅰ（Experimental Breeder Reactor I）达到临界，成为第一个投入运行的快中子反应堆，也是世界上第一座发电用反应堆，EBR-Ⅰ反应堆使用液态钠作为冷却剂。在 EBR-Ⅰ之后，美国继续发展了 EBR-Ⅱ型钠冷快堆，EBR-Ⅱ在 1965 年达到临界状态，并于 1986 年进行了主冷却剂泵停转事故的实验模拟，证明了钠冷快堆在反应堆主泵停转的情况下，可以通过液态钠的自然循环实现反应堆堆芯的冷却。

1958 年，苏联的第一艘核潜艇采用钠冷快堆的核潜艇投入了使用，并取得了成功。在 BN-350 之后，600 MW 钠冷快堆 BN-600 和 800 MW 钠冷快堆 BN-800 分别于 1980 年和 2016 年投入商业运行，是目前世界上仅有的正在运行的两座钠冷快堆。苏联/俄罗斯在 BN 型反应堆发展和运行中积累的经验使得 BN 型反应堆成为了未来钠冷快堆发展的最佳范本。

除了美国和苏联/俄罗斯，法国、日本、印度等国家对钠冷快堆也展开了各种程度的研究与开发。法国于 1962 年启动了其 Rapsodie 钠冷快堆研究计划，并在其基础上建设了 Phenix“凤凰”反应堆，于 1973 年投入商业运行。法国后来于“凤凰”反应堆基础上发展了 Superphenix“超凤凰”反应堆。日本先后于 1977 年和 1994 年实现了 Joyo“常阳”反应堆和 Monju“文殊”反应堆两座实验性钠冷快堆的临界。

我国在 20 世纪 60 年代中期就开始了钠冷快堆技术的研究，先后完成了基础技术研究、应用技术研究和实验快堆工程技术研究 3 个阶段。中国实验快堆（CEFR）位于北京市郊外的中国原子能科学研究院，为我国第一个快中子增殖反应堆。反应堆的设计热功率 65 MW，电功率 20 MW，采用钠-钠-水三回路冷却剂，一回路为一体化游泳池式结构。具有 30 年的设计寿命，目标燃耗为 100 MW/kg。该项目为“863”计划的一个重大项目，总投资 24.97 亿元。事故余热排出系统采用直接冷却主容器内钠的非能动系统。中国实验快堆已于 2011 年 7 月 21 日成功实现并网发电，并于 2014 年年底实现了 100%功率运行 72 h 的工程设计目标。此外，我国首个示范快堆工程霞浦一号核电厂 CFR600（1 500 MWt，600 MWe）于 2017 年 7 月启动施工，计划 2023 年建成投产，实现工业示范。

5.1.4 铅冷快堆

（1）概述

铅冷快堆是指采用液态铅或铅铋合金冷却的快中子反应堆。铅冷快堆（LFR）采用闭式燃料循环方式，具有良好的核废料嬗变和核燃料增殖能力，以及较高的安全性和经济性，铅冷快堆系统如图 5.9 所示。

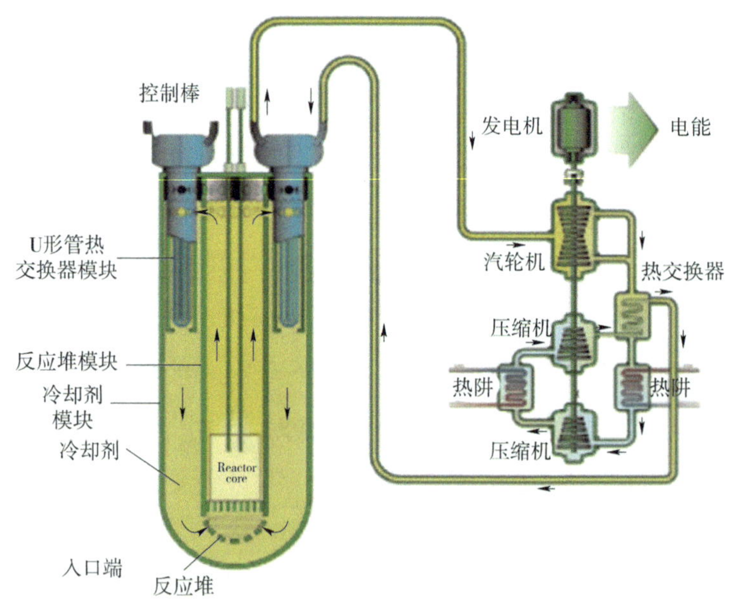

图 5.9 铅冷快堆系统示意

（2）国内外研究现状

早在 20 世纪 50 年代，苏联就开始研究液态铅/铅铋冷却快堆，最初主要应用于核潜艇。得益于铅铋合金熔点低的特点，最初核潜艇选用液态铅铋合金作为冷却剂。20 世纪 60—90 年代，苏联有 8 艘铅铋核潜艇和两座陆地铅铋反应堆投入运行，并获得 80 多堆年的运行经验。但是，由于在核潜艇的运行过程中没有很好地解决液态铅铋对材料的腐蚀以及产生放射性钋-210 等问题，导致所有铅铋核潜艇于 20 世纪 90 年代提前退役。尽管如此，俄罗斯仍然是世界上唯一拥有铅铋快堆建造经验的国家。

苏联解体后，俄罗斯并没有放弃铅/铅铋快堆的研究。20 世纪 90 年代后期，俄罗斯发布民用铅/铅铋快堆的发展计划，并制定了完善的铅/铅铋快堆发展路线，具体有：发展适合边远地区独立能源项目的 SVBR-100 小型铅铋快堆，并计划于 2019 年建成；发展 BREST-0D-300 中型铅冷快堆，计划于 2022 年后建成；后续发展堆型为 BREST-1200。

20 世纪 50 年代，美国为了研究先进核潜艇反应堆，开始了关于铅冷快堆的研究。但由于没有很好地解决铅/铅铋的腐蚀问题，美国于 20 世纪 60 年代就停止了铅/铅铋快堆的研究计划。然而在 21 世纪初，美国能源部宣布重新启动铅冷快堆研究计划，并针对核废料嬗变处理和小型模块化铅冷快堆分别设立了 ABR 项目和 SSTAR 项目。其中 ABR 项目主要由爱达荷国家工程与环境实验室、麻省理工学院合作研究，铅铋反应堆设计功率为 300 MW，主要用于锕系元素嬗变的相关基础科学研究；SSTAR 作为 GIF-LFR-PSSC 确定的 3 种主要参考堆型之一。西屋公司近年来在实验快堆的研究基础上，提出热功率为 500 MW · h（210 MW）的示范铅冷快堆概念。

欧洲最初研究的铅冷系统是加速器驱动的次临界系统（ADS），主要用来嬗变钚和次锕系核素（MA）。随着铅冷快堆的发展，自 1997 年欧盟第五共同研究框架（FP5）开始，通过 FP5、FP6、FP7 先后设立了 ELSY/ELFR、ALFRED、MYRRHA 和 ELECTRA 等铅/铅铋快堆研究项目。目前，欧盟国家通过总结过去经验，把研究精力主要集中在 FP7 框架计划 LEADER 项目中 ELFR 和 ALFRED 两个示范活动。

韩国从 20 世纪末就开始了铅冷快堆的研究工作，其中首尔大学（SNU）作为韩国的铅冷快堆技术研究中心。2011 年，SNU 对外推出 PASCAR 的设计方案，PASCAR 采用地下核电站设计，使用液态铅铋作为冷却剂，选择 U-TRU-Zr 金属燃料，应用非能动技术，具有极好的安全性，后于 2015 年正式推出 URANUS 的设计方案。

日本在早期关于铅冷快堆做了许多研发工作，先后提出 LSPR、PBWFR 和 CANDLE 等概念堆型。但是在 2013 年福岛核事故后，日本虽仍活跃于铅冷快堆研究发展领域，却主要转向相关基础研究。

我国关于铅/铅铋快堆的研究起步较晚，初期也主要针对 ADS 进行研究。2009 年，中国科学院开始研究基于铅/铅铋冷却的加速器驱动的次临界系统。2011 年，中科院启动战略性先导技术专项“未来先进核裂变能-ADS 嬗变系统”研究项目，并将中国铅基反应堆（CLEAR）列为候选堆型，开始部署我国在铅基快堆方面的研究工作。中国科学院核能安全技术研究所 FDS 团队在该项目的支持下，针对 CLEAR 全面开展研发工作，计划通过研究实验堆 CLEAR-Ⅰ（10 MW · h）、工程演示堆 CLEAR-Ⅱ（100 MW · h）、商用原型堆 CLEAR-Ⅲ （1 000 MW · h）三期实现商业应用。此外，中科院合肥物质科学研究院和中科院工程热物理研究所分别搭建了 KYLIN 铅铋冷却实验回路和高温高压液态铅铋合金–氦气流动换热综合实验平台 LELA，并进行了相关的实验研究。与此同时，国内西安交通大学、华北电力大学及南华大学等高校、研究单位和企业也开始推进铅冷实验平台的搭建和实验开展。

（3）特点及优势

以铅代替钠作为快堆的载热剂有以下优点；

①从物理角度讲，铅的质量数远大于钠，中子与之碰撞，其能量损失甚小，因此，铅对中子的慢化截面远小于钠的慢化截面，对能量＞1 kV 高能中子，铅的慢化截面小于钠的慢化截面的 1/5。因此，可加大燃料棒间的栅距，即增大冷却剂-燃料的体积比，且不影响快堆的能谱，而又大大降低了堆芯的功率密度。这无疑给堆安全与工程的方便带来较大的好处。

②铅的中子输运截面比钠的中子输运截面大，由此导致中子扩散系数的减小，从而使中子泄漏减少。这将对堆的临界有利，并加强空泡的负效应。

③在高能与慢化区，铅的俘获中子截面的变化比较平滑，不像钠那样，在某些特定能量处（2.15～4.65 kV）出现共振峰，在很高能区（＞4 MV）与低能区（＜10 kV），铅的俘获截面比钠的俘获截面小很多。

④铅的沸点高达 1 740℃，比钠的沸点（700℃）高，在反应堆工作温度下（一般约为 500℃），具有较大的沸腾余量，故不容易因沸腾而产生空泡。即使产生空泡，空泡反应性效应也是负的。

⑤铅与水接触不会产生如钠水反应那样的危险性。由于铅与水可以直接接触，第二回路的设置可望省去。

由于燃料棒间栅距的扩大，燃料船元不必采用六角形，可采用常规水堆所用的正方形，并可采用正方形无盒燃料组件，为工艺制造与设计计算都带来方便。俄国的 BREST-300 铅冷快堆就是采用这种结构。

（4）铅冷快堆面临的挑战

虽然铅的物理性质相对于其他反应堆冷却剂有明显的优势，并且先前的研究已经解决了许多铅冷快堆设计上的难题，但是铅冷快堆的发展仍然面临着许多挑战，主要表现在以下几个方面：铅的熔点较高；液态铅的不透明性；铅冷却剂密度太大以及对结构材料产生的腐蚀危害。其中在高温和冷却剂高速流动情况下，液态铅对结构材料的腐蚀是限制铅冷快堆发展最关键的因素。主要参考堆芯优缺点见表 5.6。

表 5.6　参考堆芯优缺点比较

参考堆型	优点	缺点
ELSY	堆芯设计功率高、采用池式结构、反应堆设计紧凑、堆内构件均可拆出	冷却剂出口温度较低
BREST-OD-300	反应堆采用池式结构，选用性能更优的氮化物燃料组件、燃料后处理及再制造过程中氮化物燃料组件处理方法简单，成本较低	冷却剂最大流速较低
SSTAR	反应堆采用池式结构、堆芯安全密封、设计换料周期较长、冷却剂采用自然循环、二回路使用超临界 CO_2 布雷顿循环	反应堆设计功率低，经济性较差，同时目前技术无法满足反应堆工程需要

5.1.5 熔盐反应堆

（1）概述

熔盐堆（Molten Salt Re-actor，MSR）是四代堆中唯一的液态燃料反应堆。液态燃料熔盐堆（MSR-LF）将燃料盐直接溶于氟盐冷却剂中，其中液态氟化盐既用作冷却剂，也作为核燃料的载体。燃料可以为 ^{235}U、^{233}U、^{239}Pu 以及其他超铀元素的氟化物盐；冷却剂熔盐一般为如下盐中两种或者多种盐的共晶混合物：LiF、BeF_2、NaF、KF、RbF、ZrF_4、$NaBF_4$。

氟盐冷却剂的物理化学性质决定了熔盐堆具有能量密度高、无水冷却、常压工作和高温输出（<700℃）等特点。液态燃料熔盐堆以氟化熔盐及溶解在其中的钍或铀氟化物组成的熔合物为燃料，无需燃料元件制作；燃料盐的负反应性温度系数和空泡系数大，具有较好的固有安全性；熔盐具有良好的热导性和低的蒸汽压，可在高温、低压状态下运行；燃料盐中产生的裂变产物，可以连续地被移入化学处理厂进行在线处理，避免了放射性废物长期贮存在堆内；熔盐常温时为固态，可从根本上避免因泄漏而导致大量的核污染，对生物圈和地下水位线的防护要求没有那么严苛，适合建于地下，可以有效防止自然灾害与战争、恐怖袭击的威胁。

人类迄今发现的有商业价值的易裂变核素只有 3 个：铀-235、钚-239 和铀-233。其中，铀-235 是自然界唯一天然存在的易裂变核素，钚-239 需由较难裂变的铀-238 吸收中子后转换而来，又称为铀基核燃料（铀基核能），目前核电工业使用的燃料基本都是铀基核燃料；而铀-233 则需由较难裂变的钍-232 吸收中子后转换而来，又称为钍基核燃料（钍基核能）。钍铀转换的裂变反应链如图 5.10 所示。

钍基核能钍铀转换效率高，铀-233 在热谱、超热谱以及快谱内都有较大的有效裂变中子数，中子经济性好，因此钍在热中子堆中也能实现增殖；钍基燃料产生的钚和长寿命次锕系核素较少，放射性毒性相对较低；钍铀转换的中间核素 U-232 会产生短寿命强 γ 辐射的衰变子核 ^{208}Tl（铊），这种固有的放射性障碍增加了化学分离的难度和成本，易被核监测，有利于防核扩散；钍和氧化钍化学性质稳定，耐辐照，耐高温，热导性高，热膨胀系数小，产生的裂变气体较少，这些优点使得钍基反应堆允许更高的运行温度和更深的燃耗。

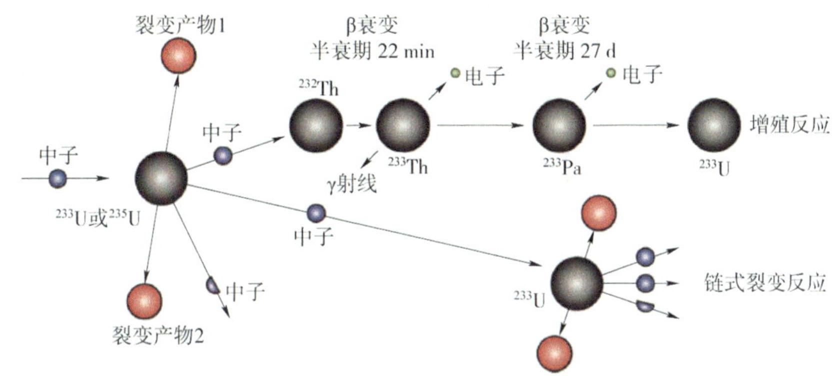

图 5.10　Th-232 的增殖反应和 U-233 的链式裂变反应

钍基核能不易用于制造武器，是更理想的民用核燃料，但由于 20 世纪发展核武器重要性远远大于发展民用核能，钍在核能中的发展一直处于从属地位。半个多世纪以来，关于钍在核能方面的利用研究取得了许多成果，目前全世界运行过的加钍反应堆超过 10 座，例如，美国希平港的轻水增殖堆，它是第一座使用钍达到增殖的反应堆；美国橡树岭国家实验室的 MSRE，它是迄今为止唯一一座长期稳定运行的熔盐堆。

钍基熔盐堆核能系统（Thorium Molten Salt Reactor Nuclear Energy System，TMSR）是第四代先进核能系统 6 个候选之一，包括钍基核燃料、熔盐堆、核能综合利用 3 个子系统。钍基核燃料储量丰富、防扩散性能好、产生核废料较少，是解决长期能源供应的一种技术方案。熔盐堆使用高温熔盐作为冷却剂，具有高温、低压、高化学稳定性、高热容等热物特性，无需使用沉重而昂贵的压力容器，适合建成紧凑、轻量化和低成本的小型模块化反应堆；熔盐堆采用无水冷却技术，只需少量的水即可运行，可在干旱地区实现高效发电。熔盐堆输出的 700℃以上高温核热可用于发电，也可用于工业热应用、高温制氢以及氢吸收二氧化碳制甲醇等，可以有力缓解碳排放和环境污染问题。

（2）原理及特点

钍基熔盐堆核能系统的主冷却剂是一种熔融态混合盐，可在高温下工作以获得更高的热效率，还可保持低蒸汽压从而降低机械应力。核燃料既可以是固体燃料棒，也可以熔于主冷却剂中，从而无需制造燃料棒，简化反应堆结构，使燃耗均匀化，并易于实现在线燃料后处理。

液态燃料 TMSR 的基本结构及功能划分如图 5.11 所示，主要包括堆本体、回路系统、换热器、燃料盐后处理系统、发电系统及其他辅助设备等。堆本体主要由堆芯活性区、反射层、熔盐腔室/熔盐通道、熔盐导流层、哈氏合金包壳等组成，反应性控制系统、堆内相关测量系统、堆芯冷却剂流道等布置在堆本体相应的结构件中，其主要功能是容纳堆芯中的石墨熔盐组件、堆内构件及相关的操作与控制设施。回路系统由一回路带出堆芯热能，二回路将一回路熔盐热量传递给第三个氦气回路推动氦气轮机做功发电。燃料盐后处理系统包括热室及其工艺研究设备、涉 Be 尾气处理系统、放射性“三废”处理系统及其他辅助系统，主要功能是对辐照后的液态燃料盐进行在线后处理，回收并循环利用燃料和载体盐。

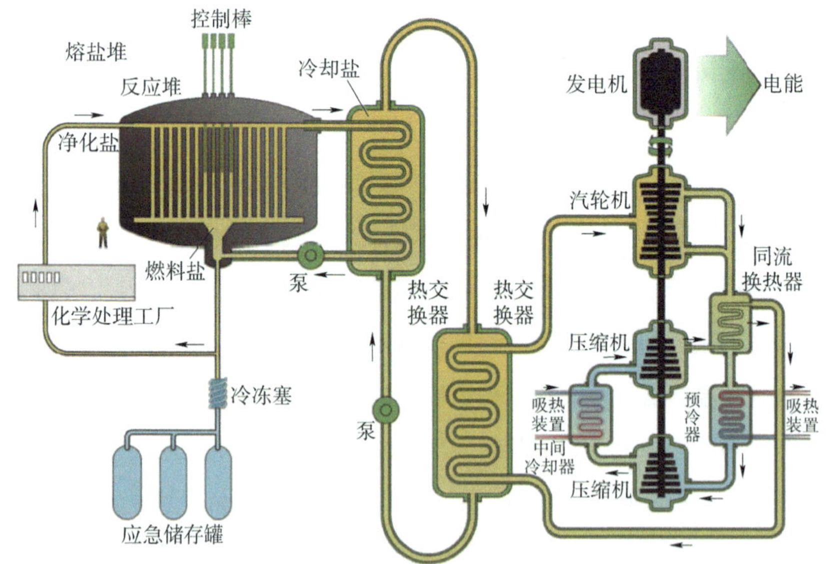

图 5.11　TMSR 系统示意

液态燃料 TMSR 具有以下特点（图 5.12）：

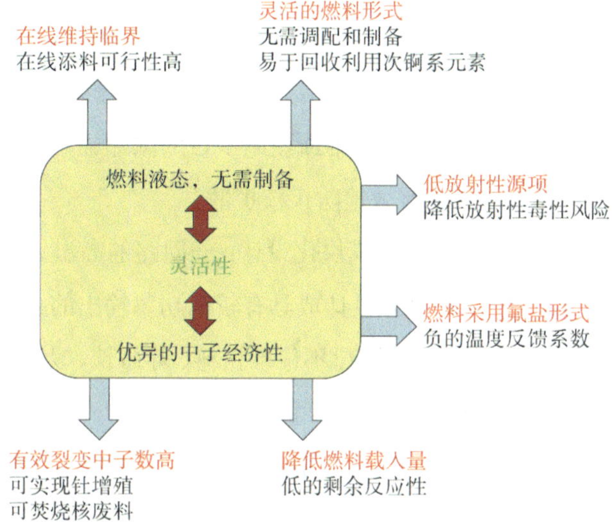

图 5.12　TMSR 特性结构

①更好的本征安全性：由于燃料本身就是熔化的，无需专门制作固体燃料组件，节省了加工费用，也不存在堆芯熔化风险，避免了其他堆型可能产生的最坏事故；熔盐的低蒸气气压减少了破口事故的发生，即便发生破口事故，熔盐在环境温度下也会迅速凝固，防止事故进一步扩展，可避免管道高压爆炸，降低管道要求，管道造价低；燃料盐具有较大的负反应性温度系数和空泡系数，对反应堆调节和运行安全都具有重要意义；在后处理方面只需小型的后处理工厂即可为 1 GW 功率的 TMSR 服务，采用连续燃料净化方式，避免了放射性废物长期贮存在堆内，降低了放射性安全风险。

②可灵活地进行多种燃料循环方式（如一次利用、废物处理、燃料生产等）：用于焚烧的核废物也无需制作燃料元件，减少了燃料制备的强放射性；卸出的核废物仅为裂变产物并且放射水平较低，处理工序相对简单，采用永久处置对生物圈影响小；由于采用燃料连续在线处理，在热谱、超热、快谱均有较好的增殖性能，可以设计为具有增殖性能的全闭燃料循环模式反应堆，实现核资源的可持续发展；裂变产物种类少，含量低，使堆内中子利用

率更高，对于熔盐快堆，超铀元素通过直接裂变或者嬗变为易裂变核素最终可被完全焚烧掉。

③可有效利用核资源和防止核扩散：熔盐堆不需要特别处理而直接利用铀、钍和钚等所有核燃料，也可利用其他反应堆的乏燃料，还可利用核武器拆解获得的钚；由于不使用熔盐堆或使用少量的浓缩铀，并产生极少的可以制造核武器的钚，所以可有效地防止核扩散。

④热功率密度高、适合小型模块化设计：一回路的高温、低压特性可以使堆芯结构更为简单，因此可以设计成具有较高功率输出的小型反应堆。军用方面，由于运行具有无需控制棒、不停堆换料、寿命长、功率易调等特点，为建造核动力潜艇以及航空器提供了可能；民用方面，亦可以通过建造几个百兆瓦级的小型模块熔盐堆，从而减少电站建设的支出和经济风险。

⑤功能多样性及灵活性：熔盐堆可在较高的温度下运行，同时熔盐具有较好的导热性，可以很好地匹配到制氢、制氨、煤气化、甲烷重整等所需的温度条件。具有功能多样性，如电力、供热、煤气化、甲烷重整、制氢（热化学或高温电解）；同时具有灵活性，可适用于传统的蒸汽式朗肯循环，尤其适合布雷顿循环（发电效率高达 45%～50%），工质可以是氦气或氮气。

⑥地下建造：熔盐常温时为固态，避免了因泄漏而导致大量的核污染，对生物圈和地下水位线的防护没有那么严苛，因此熔盐堆也适合地下建造，将反应堆建造在地表以下，上面覆盖有护肩，其中常规岛部分在地面以上。地下建造既避免了恐怖袭击、飞机坠落、龙卷风等威胁，又防止事故发生对生物圈的影响；熔盐堆配有应急储存罐，方便应急处理，事故发生时，冷冻塞熔化，所有熔盐均流入储罐中，恢复正常时再将熔盐填回堆芯。

液态燃料 TMSR 具有良好的经济性、安全性、可持续性和防核扩散性，其商业化在当前技术基础条件下也具有极高的可行性，但是针对堆运行温度高、熔盐腐蚀性强和后处理技术不成熟等缺点，还需要开展很多基础性工作，克服存在的技术难点，包括：燃料盐的流动特性使得熔盐堆技术成为完全不同于其他固体燃料反应堆的一种全新核反应堆技术，尚无成熟的反应堆设计和安全分析方法以及安全评估规范可供借鉴；燃料盐连续在线后处理技术的可行性需要进行进一步的实验验证；熔盐堆中流体燃料直接接触石墨，因此熔盐堆对于核纯级石墨密封工艺和制造工艺要求较高；燃料盐直接接触管壁，管壁受到的中子通量较高，因此制作管壁的材料需要有较高的耐中子辐照性能；镧系和锕系元素的溶解性、辐照后熔盐与结构材料和石墨的兼容性以及金属偏聚等问题；熔盐中的 Li、Be 元素受中子辐照，也会产生一定量的氚，由于氚的放射性，在熔盐堆的研发中，必须解决氚回收和安全储存的问题。

我国曾在 20 世纪 70 年代选择钍基熔盐堆作为发展民用核能的起步点。1971 年，上海“七二八工程”建成了零功率冷态熔盐堆并达到临界。2011 年，中科院应用物理研究所启动了首批中科院战略性先导科技专项（A 类）“未来先进核裂变能——钍基熔盐堆核能系统”，计划用 20 年左右的时间，在国际上率先实现钍基熔盐堆的应用，同时建立钍基熔盐堆产业链和相应的科技队伍。目前已实现钍铀循环、堆本体工程设计、系列高温熔盐回路、安全与许可等原型系统和高温合金、高纯熔盐、腐蚀控制、核纯钍、高丰度锂 7、氚处理、钍铀燃料盐干法分离等一系列关键技术突破，在实验室规模全面掌握 TMSR 的科学与技术，为建设实验堆奠定了科技基础，并基本形成了我国 TMSR 相关的产业链雏形。目前我国在甘肃建立世界首座小型模块化钍基熔盐研究堆已经动工，用于高功率、高辐照工况下钍基熔盐堆科学问题与关键技术的工程热验证。而在上海嘉定，用于模块化技术研究、热工水力实验研究、材料和设备试验验证、高温熔盐储能与制氢技术试验验证的小型模块化熔盐堆冷态（非核）研究设施也将拔地而起。

5.1.6 气冷快堆

（1）概述

气冷快堆（Gas Cooled Fast Rcactor，GFR），是一种高温气体冷却快谱反应堆。气冷快堆采用气体作为堆芯冷却剂。由于气体工质密度一般相对较低，对中子的慢化能力较弱，在不显著添加其他慢化剂的情况下，中子能谱为快谱。

气冷快堆采用闭式燃料循环，对燃料进行后处理和嬗变长寿命锕系元素，可实现铀资源长期可持续利用和核废物最小化。气冷快堆作为一种高温气体反应堆，具有高温系统的技术优势，可提高循环热效率，并为工业应用提供高温工艺热。

气冷快堆是第四代核能系统国际论坛（GIF）选定的 6 种反应堆堆型之一。GIF 当前气冷快堆的参考设计是 2 400 MW · h 氦气冷却的高温快堆。整个系统包含堆芯、主热交换器、余热排出回路和动力系统等，一回路系统内置在钢制压力容器即防护安全壳内，用于在事故条件下提供系统背压。堆芯由六角形燃料组件构成，芯块燃料为混合碳化物，包壳为陶瓷材料。堆芯冷却剂是氦气，堆芯出口温度约 850 °C。热交换器将一回路氦冷却剂的热量传递到二回路，加热氦气-氮气混合物，驱动燃气轮机发电做功。燃气轮机的余热还可以进一步加热蒸汽，驱动蒸汽轮机。这种燃气-蒸汽联合循环是一项成熟技术，在天然气发电厂中广泛采用，唯一不同的是参考气冷快堆设计使用闭式循环燃气技术。图 5.13 为 GIF 气冷快堆的设计示意图。

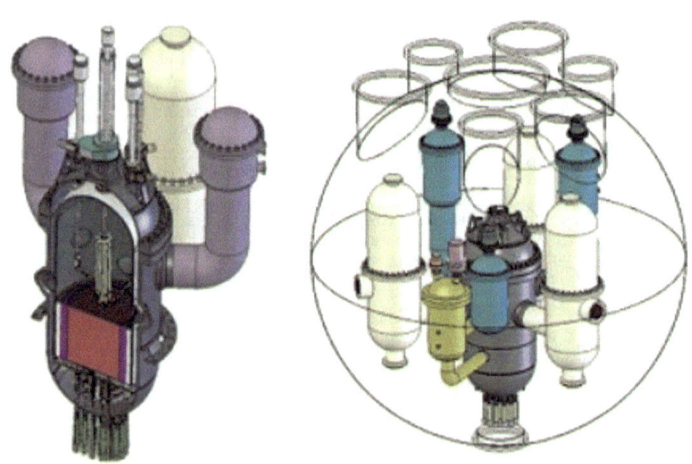

图 5.13　GIF 气冷快堆参考设计示意

除了以上参考设计，另外一种具有发展潜力的气冷快堆方案是采用超临界二氧化碳（S-CO_2）作为冷却剂的气冷快堆。该型方案利用了 S-CO_2 高密度、易压缩的优点，可在比高温气冷堆出口温度低（500～650°C）的情况下保持较高的热效率，因此可以在一定程度上降低对燃料包壳的要求。图 5.14 为 MIT 设计的 S-CO_2 气冷堆方案示意图。采用直接循环一体式动力转换单元、套管式连接、应急堆芯冷却系统。

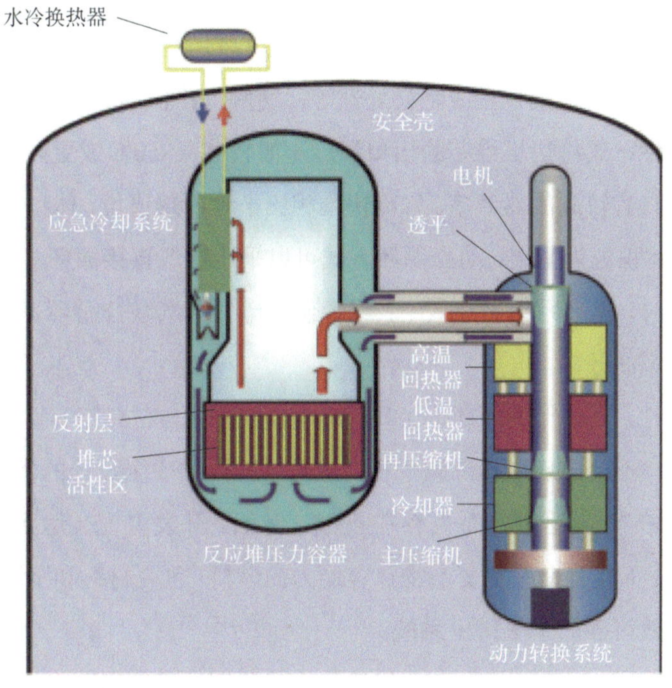

图 5.14　二氧化碳气冷快堆参考设计示意

（2）特点及优势

可持续发展：与其他快堆一样，气冷快堆是利用快中子引发链式裂变的反应堆，在可持续方面具有较好优势。其一，在铀资源中，大部分铀同位素是铀-238，铀-235 只占很小一部分。热谱堆一般利用铀-235 进行裂变，而快堆则可以使铀-238 变成钚-239，钚-239 再发生裂变反应，即快堆在消耗钚-239 的同时，还会生产新的钚-239。因此快堆能够充分利用铀资源，提高核燃料的利用率。其二，气冷快堆采用闭式燃料循环，对乏燃料进行分离，回收铀钚等可裂变和易裂变元素，嬗变长寿期裂变产物，使放射性废物和长寿期毒素最小化，利于地质处置和长期环境安全。气冷快堆采用气体作为冷却剂，相比于液态金属（如钠或铅等）具备更硬的中子能谱，理论上会有更高的增殖率和更短的燃料倍增时间。研究表明，气冷快堆的燃料循环具有灵活性，能够适应从传统燃料增殖到次锕系元素焚烧等燃料循环的普遍需求。

防核扩散：防核扩散意味着尽可能避免使用高富集度铀。气冷快堆使用的燃料富集度更高，因此在防核扩散方面进行科学合理设计，如提高燃耗、回收长寿期锕系元素、在线燃料处理等，缓解气冷快堆的防核扩散问题。

经济性：气冷快堆堆芯的出口温度一般较高（850℃或更高），因此在发电方面具有较高的热效率。气冷快堆相比于气冷热谱堆，体积功率密度更高，堆芯体积更为紧凑；动力循环方式可以采用燃气直接循环，在减少系统设备的同时，提高系统循环效率；或者使用燃气蒸汽联合循环等，以最大限度地提升系统效率。

安全性：气体作为冷却剂工质，化学惰性小，与材料相容性好；工质始终为单相，不会出现两相沸腾危机，这是气冷快堆安全设计的优点。然而，气冷快堆在安全设计方面也存在挑战，例如，开发高温（达到 1 600℃或更高温度）下具有良好裂变产物包容能力的燃料、包壳材料和坚固的结构材料以及高效可靠的余热排出系统。

应用范围：气冷快堆的潜在优势在于其预期技术应用范围较为广泛，由于气冷快堆出口温度较高，可以作为可靠，经济和有竞争力的发电系统，也具有产氢和其他工艺热应用的潜力。

5.2 小型模块化堆

（1）概述

近年来，先进小型核动力反应堆在世界范围内引起了广泛关注。小型模块化反应堆（SMR）包含 3 个关键词：小型（Small）、模块化（Modular）和反应堆（Reactor）。“小型”含义是指反应堆的额定输出功率相对大型核电站要小，SMR 通常指反应堆输出的额定功率水平在 10～300 MW 的反应堆。“模块化”指的是核蒸汽供应系统（NSSS）采用模块化设计和组装，当 NSSS 系统与动力转换系统或工艺供热系统进行耦合连接后，就可以实现所需的能源产品供应。“反应堆”指的是一个系统概念，在这个系统中进行着受控原子核的核裂变反应过程。

SMR 设计实现了建造的简单化、模块化，提高了建造速度，并具有非能动安全、防止核扩散以及降低财政风险等特性。相对于传统的大型反应堆电厂，SMR 电厂具有前期投资较小、建造周期短、多模块共用厂址基础设施以及电厂布置和功能选择灵活等特点，使得其对于财政资源和电网容量有限的许多发展中国家具有更好的适应能力，可有效解决这些国家的能源需求。

在传统大型反应堆核电厂无法部署的地区，SMR 作为一个替代方案将在扩大核能和平利用上发挥巨大的潜力。可以预见在不久的将来，SMR 将在区域供电、城市供暖、海水淡化、工业供汽以及海岛、海洋资源开发等方面广泛应用。

（2）小型模块化堆的特点

SMR 是一种电网适应性强，可热、电、水、汽联供的分布式综合能源，其技术路线与现行大型核能技术路线一样，可行的堆型主要有压水堆（PWR）、沸水堆（BWR）、先进重水反应堆（AHWR）、高温气冷反应堆（HTGR）、钠冷快堆（SFR）、铅铋冷却快堆（LBFR）等。与现行的核电反应堆机组相比，SMR 有着以下的特点：

①功率小。由于 SMR 相比于大堆具有较小的功率，单机组前期投资总额明显低于大型反应堆，且具有一定的灵活性（可以根据情况取消或延迟后续机组的建设），因此 SMR 投资周期短、投资风险小。功率小使得 SMR 核电厂各个模块可通过卡车或铁路运输到核电厂厂址现场，同时所需的全厂配套设施也大大简化，厂房布置紧凑占地面积小，对环境也更加

友好。SMR 的功率小导致其对电网的适应性强，可以更好地匹配发电能力有限的电网。

②模块化设计和建造。模块化的设计使得多台机组实现多个系统共用，系统数目得以减少。可以在制造厂进行模块的批量化生产和组装，大大缩短了建造周期（24～36 个月），可有效降低建设成本，同时降低进度风险。可移动模块的分离和去除使得退役工作也得以简化。

③设计简化，安全性高。先进的压水堆型 SMR 设计采取将一回路系统部件一体化布置于反应堆压力容器内，大量采用非能动安全系统，最大限度地减少用于安全运行所需的管道、阀门以及其他主要设备数量，从而在设计上消除了一些特定的事故（一体化的系统用于消除大管道破裂导致的冷却剂丧失事故）。同时，许多 SMR（以轻水堆型为例）均设计有延长事故应对时间的池式热阱，使得其安全性进一步提高。由于输出功率的减小，SMR 堆芯源项变小，提高了反应堆的固有安全性，减少了对工作人员、公众以及环境的可能影响。

④换料周期长，扩容性强。除 HTR 和 AHWR 外，SMR 通常设计为长的换料周期（2～10 年），甚至一次装料全寿期运行，不需要频繁地向核电厂场内运输核燃料，提升了经济性。在能源需求的情况下，可以通过增加反应堆模块来扩容，组合布置成一个大功率核电厂，扩容性强。

⑤选址灵活，适应性强。陆基 SMR 可贴近用户布置或者布置在能源匮乏的偏远地区和恶劣环境地区，避免长距离输电线路的能源损失，节省了能量远距离传输的成本；船载或浮动式 SMR 的部署灵活性更高。

⑥运行方式多样，用途广泛。多数 SMR 被设计为既可以带基本负荷运行或负荷跟踪模式运行（有些设计还能在恒定的反应堆热功率输出情况下改变电能和淡水生产比率），实现每天每小时的负荷变化的精确匹配，对电网的冲击较小有利于电网的稳定性；舰船动力堆衍生的 SMR 有着更好的操纵能力，可以允许较宽功率范围内急促的功率变化。SMR 在常规电能生产之外，还可以提供工业生产过程用热、集中供暖、供汽、海水淡化、制氢、

合成燃料等用途。

⑦防核扩散能力强。多数 SMR 设计成反应堆模块深埋地下，同时设计成“黑匣子”模式（在工厂进行生产组装并装料后再进行部署），还能以较低富集度的铀燃料运行，降低了核扩散风险。

（3）小型模块化堆的发展现状

目前，美国、俄罗斯、法国、韩国、阿根廷、IAEA 等多个国家和国际组织机构都在积极开展先进 SMR 的研发和商业化应用，SMR 在世界范围内得到了各国的青睐。

国内中国核工业集团、中广核集团、中国核工业建设集团、中国电力投资集团、国家核电技术公司、清华大学等都在开展 SMR 的研发工作。国家能源局也启动了国家能源应用技术研究及工程示范项目——《模块式小型堆关键技术研究及应用示范》。同时国家核安全局也开始了小型核动力堆相关的法规标准适用性、设计安全要求、审查原则及安全要求等一系列监管准备工作。表 5.7 汇总了国内几种先进的 SMR 设计，表 5.8 给出了目前世界范围内 22 种 SMR 研发情况简介。

表 5.7　国内 SMR 研究发展简况

名称	堆型	开发公司	功率/MWe	目前进度	应用领域
ACP100	PWR	中核集团	100	已经进入工程设计阶段	陆基电厂和浮动电站，热、电、水、汽联供
ACPR100	PWR	中广核集团	130	已经进入初步设计阶段	陆基电厂，用于供热、供汽、海水淡化
ACPR50S	PWR	中广核集团	55	已经进入初步设计阶段	陆基电厂和海上浮动电站，热、电、水、汽联供
CAP150	PWR	国家核电	150	概念设计阶段	陆基电厂和海上水电联产平台
HTR-PB	HTR	清华大学、华能集团	212	已经进入建造施工阶段	陆基电厂，热、电、水联产、核能制氢、制冷
NHR200-Ⅰ/Ⅱ	LWR	中核建设集团、清华大学	200	已经完成初步设计	Ⅰ型用于城市供热、热法海水淡化/Ⅱ型用于提供工业蒸汽、热膜混合海水淡化

表 5.8 世界范围内 22 种 SMR 研究发展简况

名称	堆型	开发者	功率/MWe	国家	目前进展
mPower	PWR	巴威公司（Babcock&Wilcox）	125	美国	预计 2014 年第 3 季度申请设计许可证，并提交建造许可证
NuScale	PWR	NuScale 电力公司	48	美国	预计 2015 年第 3 季度申请设计许可证
Westinghouse SMR	PWR	西屋公司	225	美国	设计许可证申请时间待定
SMR-160	PWR	霍尔泰克公司（Holtee）	160	美国	预计 2016 年第 4 季度申请设计许可证
GT-MHR	HTR	美国通用原子能公司和俄罗斯原子能公司联合开发	287	美国	已完成具体概念设计
HPB	LMR	Hyperion 公司	25	美国	已开始取照前期工作
PRISM	LMR	美国通用电气和日本日立公司联合开发	311	美国	设计许可证申请时间未确定
KLT-40S	PWR	Afrikantov 机械工程实验设计局（OKBM）	35	俄罗斯	已经进入建造施工阶段
VBER-300	PWR	Afrikantov 机械制造试验设计局（OKBM）	302	俄罗斯	已经完成详细设计
ABV-6M	PWR	Afrikantov 机械制造试验设计局（OKBM）	8.6	俄罗斯	部分设计已经获得许可
SVBR-100	LMR	AKME 工程公司（联合俄罗斯铝业及原子能公司共同开发）	101.5	俄罗斯	原型堆已经在核潜艇上运行，商用堆已经进入详细设计阶段
VVER-300	PWR	Afrikantov 机械制造试验设计局（OKBM）	300	俄罗斯	概念设计阶段
BREST	LMR	能源科研概念与技术研究所（NIKIET）	300	俄罗斯	概念设计阶段

续表

名称	堆型	开发者	功率/MWe	国家	目前进展
NP-300	PWR	AREVA	100～300	法国	概念设计阶段
Flexblue	PWR	AREVA、EDF、DCNS、CEA共同研发	50～250	法国	概念设计阶段
ANTARES	HTR	AREVA	285	法国	概念设计阶段
4S	LMR	东芝公司	10	日本	详细设计阶段
SMART	PWR	韩国原子能研究所	100	韩国	详细设计阶段
CAREM-25	PWR	阿根廷CNEA&INVAP	27	阿根廷	已于 2014 年 2 月 8 日 FCD，进入建造施工阶段
FBNR	PWR	南里奥格兰德联邦大学（UFRGS）	72	巴西	概念设计阶段
AHWR	HWR	巴巴原子研究中心（BARC）	304	印度	已完成详细设计，有望于 2015 年开始建造
PBMR	HTR	南非国家电力公司	165	南非	原定于 2013 年向 NRC 提交在美设计许可证申请，目前进展不明

5.3　加速器驱动次临界系统 ADS

（1）概述

加速器驱动次临界系统（Accelerator Driven Sub-critical System，ADS）是利用加速器产生的高能强流质子束轰击重核时产生的外源中子，来驱动次临界堆芯中裂变材料发生的持续的链式反应，使得长寿命放射性核素最终变为非放射性的或短寿命的核素，并维持反应堆运行，因而具有该系统所固有的安全性。ADS 的中子能谱硬，通量大，能量分布宽，嬗变长寿命核素能力强，可大幅降低核废料的放射性危害，实现核废料的最少化，被国际公认为是核废料处理最有前景的技术途径。

（2）ADS 的构成与原理

ADS 系统由强流质子加速器、重金属散裂靶和次临界反应堆三大分系统组成（图 5.16）。其基本原理是，利用加速器产生的高能强流质子束轰击重核产生宽能谱、高通量散裂中子作为外源来驱动次临界堆芯中的裂变材料发生链式反应。散裂中子和裂变产生的中子除维持反应堆功率水平所需以及各种吸收与泄漏外，余下的中子可用于核废料的嬗变或核燃料的增殖。次锕系核素与快中子发生裂变核反应，生成半衰期较短和毒性较小的裂变产物；长寿命裂变产物的嬗变主要通过热中子俘获、衰变等核反应过程生成短寿命或稳定的核素。如 ^{99}Tc 俘获一个中子后生成半衰期 15.8 s 的 ^{100}Tc，再经过 β 衰变后变成稳定核素 ^{100}Ru；^{129}I 中子俘获生成半衰期为 12.4 小时的 ^{130}I，最终经过 β 衰变至稳定核素 ^{130}Xe。

强流质子加速器是 ADS 系统的驱动器，其作用是用来产生高能、强流、大功率质子束流，通过质子束流轰击散裂靶产生高通量中子来维持次临界堆内的链式反应。一般来说，这加速器的质子束流能量为 1 GeV，流强为 10 mA。理论上直线加速器可以加速几百毫安的强流质子，适用于 ADS 的需求。目前超导技术的直线加速器技术已获得成功，束流损耗大大降低，提高了能量的传递效率，是 ADS 系统加速器技术的优选方案。

散裂靶是加速器和次临界堆的耦合环节，其散裂中子产额的大小决定次临界反应堆芯的能量放大系数和核废料的嬗变效率，同时中子能谱在靶表面的分布决定次临界反应堆的运行特性。一般来说，ADS 散裂靶的设计要满足以下条件：①中子产额应尽量高；②能承受高的束流功率；③可持续运行较长时间且易于更换和维护。为了保证在高能质子轰击下散裂靶能够稳定产生整个 ADS 系统在次临界条件下持续工作所需的中子通量和空间分布，选择易发生散裂反应的重金属，如铅、铅铋合金（LBE）和钨为靶材料。

ADS 系统的堆芯是一个次临界、快中子反应堆。当中子能量较低时，次锕系核素的中子俘获截面远大于裂变反应截面，不利于次锕系核素的嬗变，因而快中子堆芯更有利于核废料的嬗变。ADS 系统选用次临界堆芯主要是出于反应堆的安全控制和次锕系核素装载量灵活性的考虑。同时，由于 ADS 系统运行在次临界模式下，相对于临界反应堆具有更高的固有安全性。

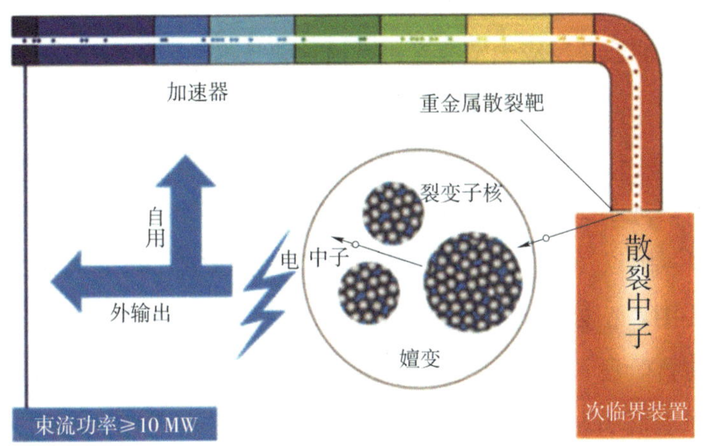

图 5.15　ADS 原理示意

（3）ADS 的发展

ADS 概念的形成最早可追溯至 20 世纪 40 年代。1941 年，美国化学家 Gleen T. Seaborg 第一个利用加速器人工合成了几微克的钚，发现了超铀元素钚的存在。基于 Gleen T. Seaborg 的研究发现，美国科学家 E.O. Lawrence 启动了材料试验加速器［Material Test Accelerator， MTA（1950—1954 年）］研究计划，其目的是利用加速器增殖技术生产用于核武器制造的钚-239。与此同时，加拿大科学家 W.B. Lewis 认识到加速器增殖技术在核能的开发利用中的潜在价值，于 1952 年启动了利用加速器技术使自然界中的钍核素生成 ^{233}U，用于 CANDU 重水反应堆发电的研究计划。但这些研究计划很快就终止了，其主要原因是大量的、高品质的铀矿在美国等国家不断被发现，使得利用加速器增殖技术生成易裂变核素这一途径不具有现实的经济可行性。1960 年，Lawrence 等注册了一个用于核素生产的加速器的专利，该加速器装置使用天然的铀和钍为靶材料人工合成 ^{239}Pu 和 ^{233}U。20 世纪 60 年代，我国的核科学家也曾详细探讨了加速器增殖技术，其重点是如何能生成我国比较紧缺的 ^{239}Pu。经研究发现，要实现这一目的，要求加速器的流强至少是 100 mA，而当时的加速器性能与技术离这一要求还相距甚远。该项研究计划于 1971 年被终止。在早期，核科学家还曾尝试探索直接利用加速器技术产生的散裂反应去嬗变次锕系核素和长寿命的裂变产物，但很快就放弃了。研究显示，通过散裂反应直接进行核废料嬗变所要求的质子束流强度约为 300 mA，这远大于一台加速器在设计上所能实现的最大理论值。

目前国际上关于 ADS 的学术交流、研讨会及科技合作日益活跃与频繁，欧盟各国以及美、日、俄等核能科技发达国家均制定了 ADS 中长期发展路线图，正处在从关键技术攻关逐步转入建设系统集成的 ADS 原理验证装置阶段。欧盟联合了 40 多家大学和研究所等机构，充分利用现有核设施合作开展实验研究。在欧盟支持了多个研究计划的开展，如 MUSE 计划开展 ADS 中子学研究；MEGAPIE 计划开展 MW 级液态 Pb—Bi 冷却的散裂靶研究；MYRRHA 计划期望在 2023 年左右建成由加速器驱动的铅铋合金（Pb—Bi）冷却的快中子次临界系统，其主要设计指标为功率 85 MW_{th} 的反应堆，600 MeV/4 mA 的强流加速器，铅铋合金作为靶和冷却剂；MAX 计划的目的是为 MYRRHA 的加速器装置的最终设计方案提供第一手的实验与模拟数据；FRERA 计划主要专注于 ADS 系统在线反应性监测方法的实验验证。美国于 1999 年制订了加速器嬗变核废料的 ATW 计划，从 2001 年开始实施先进加速器技术应用的 AAA 计划，全面开展 ADS 相关的研究。当前劳斯阿拉莫斯国家实验室（LANL）又提出 SMART 计划，研究核废料的嬗变方案。美国 DOE/NNSA 机构计划在乌克兰联合建造一个百千瓦级功率的 ADS 集成装置，但由于战争等原因，此计划仍在延迟中。费米国家实验室正在计划建造的 Project-X 是一台多用途的高能强流质子加速器，除用于高能物理研究外，也打算将 ADS 的应用纳入其中。日本从 1988 年启动了最终处置核废料的 OMEGA 计划，后期集中于 ADS 开发研究。由日本原子力研究机构

（JAEA）和高能加速器研究机构（KEK）联合建造的日本强流质子加速器装置（JPARC），计划在未来升级工程中将直线加速器能量提高到 600 MeV，用于开展 ADS 的实验研究。俄罗斯于 20 世纪 90 年代开展 ADS 研发工作，内容涉及 ADS 相关核参数的实验；理论研究与计算机软件开发；ADS 实验模拟试验装置的优化设计；1 GeV/30 mA 质子直线加速器的发展；先进核燃料循环的理论与实验研究等。俄罗斯还比较重视 ADS 的新概念研究，典型的有快—热耦合固体燃料 ADS 次临界装置概念设计和快—热熔盐次临界装置概念设计等。另外，韩国和印度等国也都制订了 ADS 研究计划。

我国从 20 世纪 90 年代起开展 ADS 概念研究。1995 年在中国核工业总公司的支持下成立了 ADS 概念研究组，开展以 ADS 系统物理可行性和次临界堆芯物理特性为重点的研究工作。戴光曦最早于 1996 年分别在《科技导报》和《核物理动态》发表文章，介绍了加速器驱动的核电站的概念，阐述了这一新型核能系统在核废料安全处置和运行安全性方面的潜在优势。中国科学院院士丁大钊、何祚庥和方守贤等发表了多篇科技文章，积极推动了我国 ADS 技术的研究。中国原子能科学研究院 1999 年起实施的重点基础研究发展计划项目“加速器驱动的洁净核能系统（ADS）的物理和技术基础研究”，中科院高能物理研究所、清华大学、西安交通大学、南华大学等研究院所和高校参加项目的研究。项目在强流 ECR 离子源、ADS 专用中子和质子微观数据评价库、次临界反应堆物理和技术等方面的探索性研究中取得一系列成果，建立了快—热耦合的 ADS 次临界实验平台——“启明星一号”。这些研究工作为今后进行 ADS 的研发、物理验证和工业示范打下了坚实的物理技术基础。

经过 2009—2010 年全面深入的酝酿和凝练，中国科学院根据我国核能可持续发展的重大需求与已有研发布局，结合国际发展态势，从技术可行性出发，提出了我国 ADS 发展路线图，如图 5.16 所示。从图 5.16

可以看出，中国 ADS 发展可以分为三个阶段。第一阶段为原理验证阶段，即建立加速器驱动嬗变研究装置。该阶段要解决 ADS 系统单元关键技术问题，确定技术路线，实现小系统集成，从整机集成的层面上掌握 ADS 各项重大关键技术及系统集成与 ADS 调试经验，为下一步建设 ADS 示范装置奠定基础。第二阶段为技术验证阶段，即要建立加速器驱动嬗变示范装置。加速器、散裂靶和次临界反应堆的系统指标提升，建成～1 GeV@10mA/CW 连续束模式加速器驱动～0.5 GW_{th} 的次临界堆系统，系统可靠性提升，可用性>75%，达工业级要求。实现工程技术验证的核心是要解决可靠性、燃料和材料问题，确定工业推广装置的燃料和材料选择。第三阶段为工业推广阶段，该阶段以企业为主导，将加速器驱动嬗变系统放大至约 GW_{th} 量级，实现运行可靠性和系统经济性的验证，进行工业应用。2011 年 1 月，中国科学院适时启动了 ADS 先导专项，由近代物理研究所、高能物理研究所、合肥物质科学研究院承担，并联合院内外其他相关研究单位共同开展 ADS 第一阶段的原理验证研究，着力解决 ADS 系统中的各单项关键技术问题，根据示范装置的需求开展前瞻性研究工作，发展 ADS 研究所需的平台基础。在先导专项的基础上，利用“十二五”国家重大科技基础设施“加速器驱动嬗变研究装置”（China Initiative Accelerator Driven System，CIADS）建设项目的支持，从整机集成的层面上掌握 ADS 各项重大关键技术及系统集成与 ADS 调试经验，为下一步建设 ADS 示范装置奠定基础。

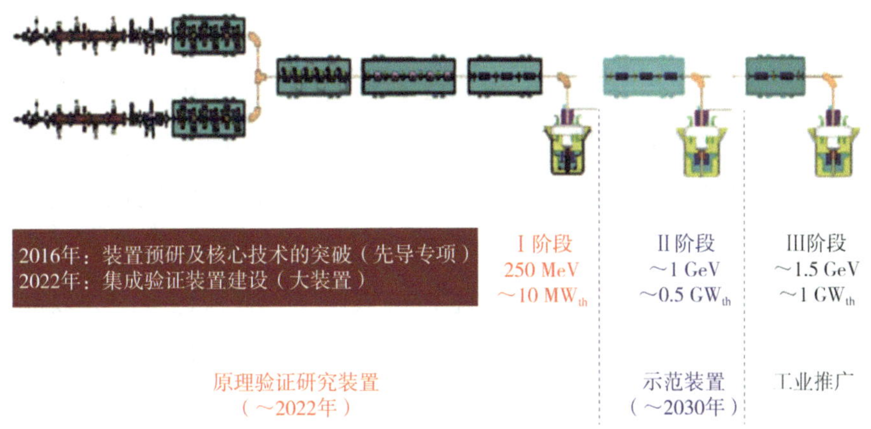

图 5.16　我国 ADS 发展路线

5.4　我国核能发展技术

5.4.1　技术问题

（1）热堆规模化发展需要解决的技术问题

铀矿勘查、采冶开发需要加强。根据我国新一轮铀矿资源潜力评价的结果，在不考虑引入 MOX 燃料元件、发展快堆技术的前提下，国内天然铀只能满足近 10^8 kW 压水堆核电站全寿命周期（60a）运行需求。我国铀资源勘查程度低，考虑到从地质勘查到获得天然铀，再通过铀的转化、铀同位素分离和制造出核燃料元件入堆，至少需要 15 年，必须从现在开始加强地质勘查和采冶开发，以保证我国核电的可持续发展。

核燃料组件制造产能不足。我国目前的燃料组件产能为 1 400 tU/a。按照每个压水堆约需 30 tU 测算，到 2020 年，总燃料元件需求约 1 800 tU/a，供需缺口达到 400 tU/a。

第三代先进压水堆的安全性和经济性需要优化平衡。目前国内外在建的三代压水堆如 AP1000、EPR 都有不同程度的延期，造成首堆经济性较差，从而引发公众质疑（核电经济性逐步变差）。这是关系到第三代核电规模化推广的重大问题，亟待开展系统性的研究工作。

在核能规模化发展阶段，核设施运行与维修技术需要升级。当存在大量高龄机组时，必须全面升级运行维修技术，实现从“低端手工式”到“高端智能式”作业的转变；核电设备的可靠性、老化管理技术及应急响应技术都需要尽快完善和提高。

核电软件能力建设急需加强。近年来，我国核电软件自主化开发取得关键性突破，结束了我国核电无自主设计软件的历史。美国和欧盟正在开发“数值反应堆技术”，旨在以高性能计算技术为基础，利用多物理、多尺度耦合技术建立一个具有预测反应堆性能的虚拟仿真环境。中国应该联合优势力量，争取在新一轮的核能软件研发领域赶上欧美发达国家的步伐。

急需开展后处理能力建设，并配套发展离堆储存技术，解决目前的核电乏燃料后处理和堆内储存矛盾。高水平放射性废物处置工作需要尽快展开。

（2）热堆规模化发展需要解决的技术问题

裂变燃料的增殖。虽然短期内不存在铀资源制约问题，但我国核电长期规模化发展仍面临燃料供应不足的问题。快堆理论上可以将铀资源利用率提高到60%以上，有望成为一种千年能源。钠冷金属燃料快堆增殖比高，配合先进干法后处理和元件快速制造技术可以实现较短的燃料倍增时间，有利于核能规模的快速扩大，应该尽早开展相关的基础研究。

超铀元素分离与嬗变。超铀元素含有宝贵的核燃料，也是乏燃料长期放射性的主要来源，它的处理是影响公众核电接受度的重要问题。分离和嬗变是处理超铀元素的有效途径，需要发展先进的分离技术、废物整备技术、含MA 元件/靶件制备技术，加快研发关键设备与材料。超铀元素的嬗变需要开发专用嬗变快堆或者 ADS 系统。

先进核能的多用途利用。除了发电，核能在供热（城市区域供热、工业工艺供热、海水淡化）和核动力领域都很有发展潜力。开发模块化压水堆、超高温气冷堆、铅冷快堆等小型化多用途堆型，可以作为核能发展的重要补充。

第四代堆堆型的定位和取舍。第四代堆堆型众多，且处于不同的发展阶段，因此，应该加强核能战略研究，明确各种堆型的独特优势、技术成熟度和发展的空间。

5.4.2 技术展望

（1）压水堆核电技术

①增强安全性

非能动安全能力增强。通过非能动技术的运用，核电厂的安全性能得到了很大程度的提升。进一步增强非能动安全能力是后续发展的重要方向，最新的第四代核能技术路线图强调了长期非能动安全性。

严重事故缓解增强。对严重事故开展研究的终极目的是在发生核事故甚至演变为严重事故前，确保作为三层保护中最后一层屏障的安全壳的完整性，确保在此处卡住事故的进度，不让事故继续演变，从而消除放射性大规模释放的可能性。目前针对严重事故缓解的措施主要有：长期冷却的多样化；开发完善严重事故缓解导则 SAMG；强化堆芯熔融物滞留能力等。

②提高先进性

优化安全壳设计。安全壳的功能扩展是要可靠地包容放射性物质，增强抵御外部事件能力，分为钢制安全壳和预应力混凝土安全壳。

乏燃料储存技术。目前乏燃料的处理方式分为一次通过或者再循环，而再循环处理的能力有限。目前世界乏燃料主要采用水池贮存，部分采用干式贮存，干式贮存有可能成为以后较长时间内的一种安全有效的解决途径，需要重点关注的技术有：非能动传热技术、临界安全技术、辐射安全技术、设备试验验证技术以及基础材料开发。

退役技术。商用核电站在永久停堆之后，为了解除法规上要求的部分或解除全部放射性安全管制，必须采取一系列措施，从而使厂址可以无需安保措施便可自由用作他途。

③开发新型燃料

燃料研发的热点是事故容错燃料（ATF，EATF）的发展。相较于传统的UO_2-Zr合金燃料，事故容错燃料能够在反应堆正常运行工况下维持或提高燃料性能，并在事故发生后相当长的一段时间内维持堆芯完整性，提供足够的时间裕量来采取事故应对措施，防止或者减轻在事故工况下的后果。

ATF 的研发和应用，将从根本上提高燃料和反应堆对严重事故的抵抗能力，有效缓解严重事故后果，显著提高电厂的安全性能，并形成新的核电安全标准。另外，由于 ATF 从本质上消除了反应堆在事故工况下的氢气产生来源，可简化新建核电厂安全及辅助系统，有效提高核电的经济性。

（2）重水堆核电技术

先进燃料重水堆（AFCR）已经完成了技术方案的开发，还需继续进行中期研发以及结合厂址开展概念设计、详细设计等，在此过程中，需要解决以下主要技术问题：

①回收铀燃料制造。回收铀燃料的成分各不相同，在制造成燃料时必须进行充分混合，保证其核特性的稳定，以免在换料时对堆芯造成冲击，也有利于在燃料在堆芯中的跟踪监测。

②先进燃料重水堆的设计。现已完成了总体概念设计，可结合厂址进行初步设计。部分系统和设备需要进行试验验证，另外需重点开展 DCS 适用性分析及相关研究。

③钍燃料应用基础研究。重水堆一直被认为是钍资源核能利用的突破口。

（3）高温气冷堆核电技术

①发展商业化多模块高温气冷堆核电站。在重大专项高温气冷堆示范工程基础上，研发和推广后续商业化多模块高温气冷堆核电站。我国清华大学已发布 60 万 kW 多模块高温气冷堆核电站总体技术方案，2018 年下半年完成标准设计，长周期设备具备采购条件。计划 2030 年实现 60 万 kW 高

温气冷堆批量化部署。

②实现超高温气冷堆核能制氢。突破超高温气冷堆核能制氢工程化技术，实现规模化的高温气冷堆制氢。计划2020年前后完成现有高温气冷堆超高温运行技术论证，实现核能高温制氢工程化技术中试；2030年前实现超高温气冷堆与核能制氢设施联合运行与规模化制氢。

（4）快堆核电技术

①坚定我国快堆发展技术路线，自主开发包括钠冷/铅冷快堆技术在内的闭式燃料循环技术。

②增强反应堆的固有安全性，如将钠空泡效应设计得尽量小、增大自然循环流量等非能动安全技术的研发和应用；开展严重事故理论及实验研究，增强反应堆抵御严重事故风险的能力；降低钠泄漏概率，以降低发生钠水反应及钠火的风险。

③通过自主设计、建造示范快堆工程，全面掌握快堆设计与建造技术，为提高快堆经济竞争能力奠定技术基础。

④重视国际合作的开展，积极发展双边及多边国际合作，降低研发成本，共享科研成果，缩短研发周期。

（5）小型模块化堆核电技术

①反应堆设计进一步向模块化、非能动、一体化方向发展，并从设计上实际消除大规模放射性释放以及实现废物最小化。小型模块化堆的高安全性、环境友好性使其可以部署在更加接近居住环境的区域。

②鉴于我国国情，小型模块化反应堆作为单纯发电用途可能不具备经济竞争力，然而小型模块化反应堆可满足我国北方城市集中供热、沿海缺水城市海水淡化的需求，可满足我国海洋大国的发展战略和海洋经济开发中的能源和淡水需求。

③针对特定市场，发展陆基多用途小型模块化反应堆，开发海洋小型模块化反应堆在我国仍具有实际工程应用价值，应积极开拓小型模块化堆在太空探索、海洋开发、供热、工业用汽、海水淡化、制氢等各种场景下

的用途。

（6）熔盐堆核电技术

①我国钍基熔盐堆采用实验堆研究堆—示范堆—商用堆的研发技术路线。

② 2020 年前后，建成 2 MW 钍基熔盐实验堆，成为国际上唯一运行的液态燃料熔盐堆。

③2030 年前后率先建成百万兆瓦级电功率小型模块钍基熔盐示范堆。

④2040 年前后建成百吨级钍基乏燃料盐干法批处理示范装置和在线固态裂变产物分离示范装置，实现钍燃料贡献率约 80%，实现钍基核燃料循环和高效利用。

（7）核聚变技术

①为尽快促使聚变能源在中国的早日利用，我国确定的聚变能开发的战略步骤为：聚变能技术—聚变能工程—聚变能商用 3 个阶段。

②以建立接近堆芯级稳态等离子体实验平台，吸收消化、开发与储备后 ITER 聚变堆关键技术，设计并筹备建设 200～500 MW 的中国聚变工程实验堆 CFETR 等为近期目标（2010—2020 年）。

③以建设、研究、运行聚变堆为中期目标（2020—2035 年）。

④以发展聚变电站为长远目标（2035—2050 年）。

⑤计划在 2050 年实现核聚变商业化，完成人类终极能源的需求。

复习思考题

1. 第四代核能系统有哪些特点？
2. 高温气冷堆的堆型结构分哪几类？分别有什么特点？
3. 超临界水堆较临界水堆有哪些优越性？
4. 以铅代替钠作为快堆的载热剂的优势有哪些？
5. 液态燃料钍基熔盐堆具有哪些特点？
6. 气冷快堆具有哪些特点及优势？

参考文献

［1］陆道纲，彭常宏. 超临界水冷堆述评[J]. 原子能科学技术，2009，43(8): 743-749.

［2］荆春宁，赵科，张力友，等.“华龙一号”的设计理念与总体技术特征[J]. 中国核电，2017，10(4): 463-467.

［3］洪哲，张敏，张亮. 高温气冷堆核材料衡算方法研究[J]. 原子能科学技术，2020，54(3): 96-101.

［4］徐侃. 重水堆核电机组在当前核电市场的发展战略[D]. 上海：上海交通大学，2009.

［5］戴志敏，徐洪杰. 核能综合利用研究现状与展望[J]. 中国科学院院刊，2019，34(4): 86-94.

［6］何佩娅. 电力资源优化配置中的政府调控[D]. 长沙：中南大学.

［7］NRC, Operating Reactor Licensing. March 09, 2020.https://www.nrc.gov/reactors/operating/licensing.html.

［8］IAEA, Power Reactor Information System (PRIS). https://www.iaea.org/resources/databases/power-reactor-information-system-pris.

［9］于涛，左国平. 压水堆核电厂系统与设备[M]. 北京：中国原子能出版社，2016.

［10］于涛，左国平. 压水堆核电厂运行[M]. 北京：中国原子能出版社，2016.

［11］臧希年. 核电厂系统及设备[M]. 北京：清华大学出版社，2010.

［12］周涛，李精精，汝小龙，等. 核电机组非能动技术的应用及其发展[J]. 中国电机工程学报，2013，33(8): 81-89，14.

［13］王萦，张晓峰，杨宗甄，等. 核电厂厂址选择与评价中的人口分布问题辨析[J]. 环境科学与技术，2014，37(S1): 363-366，463.

[14] 禚凤官.《电离辐射防护与辐射源安全基本标准》GB 18871—2002 介绍[J]. 核标准计量与质量，2004(4): 41-48.

[15] 徐侃. 重水堆核电机组在当前核电市场的发展战略[D]. 上海：上海交通大学，2009.

[16] 满晓宇. 先进重水反应堆燃料棒束物理研究与设计[D]. 北京：清华大学，2005.

[17] 林诚格. 非能动安全先进压水堆核电技术[M]. 北京：中国原子能出版社，2010.

[18] 郑明光. 从 AP1000 到 CAP1400,我国先进三代非能动核电技术自主化历程[J]. 中国核电，2018，11(1): 41-45.

[19] 刘展，荣健，张利，等. 国内外大型先进三代压水堆设计分析[J]. 中国核电，2020，13(3): 403-407.

[20] 荆春宁，赵科，张力友，等. “华龙一号”的设计理念与总体技术特征[J]. 中国核电，2017，10(4): 463-467.

[21] 刘昌文，李庆，李兰，等. “华龙一号”反应堆及一回路系统研发与设计[J]. 中国核电，2017，10(4): 472-477，512.

[22] 余红星，周金满，冷贵君，等. “华龙一号”反应堆堆芯与安全设计研究[J]. 核动力工程，2019，40(1): 1-7.

[23] 宋代勇，赵斌，袁霞，等. “华龙一号”能动与非能动相结合的安全系统设计[J]. 中国核电，2017，10(4): 468-471.

[24] 李向阳，刘启伟，李庆，等. “华龙一号”反应堆 177 堆芯核设计[J]. 核动力工程，2019，40(S1): 8-12.

[25] 焦拥军，肖忠，李云，等. “华龙一号”燃料组件设计研究及验证[J]. 中国核电，2017，10(4): 478-482，488.

[26] 王建强，戴志敏，徐洪杰. 核能综合利用研究现状与展望[J]. 中国科学院院刊，2019，34(4): 460-468.

[27] 张作义，吴宗鑫，王大中，等. 我国高温气冷堆发展战略研究[J]. 中

国工程科学，2019，21(1): 12-19.

［28］何佳闰，郭正荣. 钠冷快堆发展综述[J]. 东方电气评论，2013，27(3): 36-43.

［29］徐銤，杨红义. 钠冷快堆及其安全特性[J]. 物理，2016，45(9): 561-568.

［30］蔡翔舟，戴志敏，徐洪杰. 钍基熔盐堆核能系统[J]. 物理，2016，45(9): 578-590.

［31］吕丽君. 钍基熔盐堆氚吸附与储存用 LaNi_(4.25)Al_(0.75)和 ZrCo 合金性能改进研究[D]. 上海：中国科学院上海应用物理研究所，2016.

［32］黄彦平，臧金光. 气冷快堆概述[J]. 现代物理知识，2018，30(4): 40-43.

［33］刘建阁，陈刚，王珏，等. 小型模块化反应堆综述[J]. 核科学与技术，2020，8(3): 91-102.

［34］曹亚丽，王韶伟，熊文彬，等. 张厚明小型模块化反应堆特性及应用分析[J]. 核电子学与探测技术，2014，34(6): 801-806.

［35］骆鹏，王思成，胡正国，等. 加速器驱动次临界系统——先进核燃料循环的选择[J].物理，2016，45(9)，569-577.

附录　核电技术及发展相关名词术语英文缩写

缩写	英文全称	中文全称
ABWR	Advanced Boiling Water Reactor	先进沸水堆
ACR-1000	Advanced CANDU Reactor 1000	核电机组-先进坎杜反应堆
ADS	Accelerator Driven Sub-critical System	加速器驱动的次临界系统
AECL	Atomic Energy of Canada Limited	加拿大原子能有限公司
AFCR	Advanced Fuel CANDU Reactor	先进燃料重水堆
AGR	Advanced Gas-cooled Reactor	改进型气冷堆
ALWR	Advanced Light-Water Reactor	先进轻水堆
ANL	Argonne National Laboratory	阿贡国家实验室
Ansaido	Ansaido	安萨尔多核电公司
APWR	Advanced Pressurized-Water Reactor	先进压水堆
ATF，EATF	Accident Tolerant Fuel, Enhanced Accident Tolerant Fuel	事故容错燃料
ATWS	Anticipated Transient Without Scram	未能紧急停堆的预计瞬态
BOP	Banlance Of Plants	辅助系统与设备
BWR	Boiling Water Reactor	沸水堆
CANDU-SCWR	CANDU-Supercritical-Water-Cooled Reactor	加拿大超临界重水堆
CCWS	Component Cooling Water System	设备冷却水系统
CEFR	China Experimental Fast Reactor	中国实验快堆
Chernobyl-4	Chernobyl-4	切尔诺贝利事核电厂四号机组
CI	Conventional Island	常规岛

续表

缩写	英文全称	中文全称
CILC	Crud Induced Localized Corrosion	积垢引起的局部腐蚀
CIS	Containment Isolation System	安全壳隔离系统
CP-1	Chicago Pile-1	芝加哥 1 号
CRDL	Control Rod Driven Line	控制棒驱动线
CSR	Chinese Supercritical Water-Cooled Reactor	中国超临界水冷堆
DOE	Department of Energy	美国能源部
EAS	Containment Spray	安全壳喷淋系统
EBR-1	Experimental Breeder Reactor I	美国实验增殖堆 1 号
ECCS	Emergency Core Cooling System	应急堆芯冷却系统
EPR	European Pressurized-water Reactor	欧洲压水堆
EPRI	Electric Power Research Institute	美国电力研究所
EIE	Containment Isolation	安全壳隔离系统
ESBWR	Economic Simplified Boiling Water Reactor	经济简化型沸水堆
EUR	European Utility Requirements	欧洲用户要求
FHR	Fluoride-salt cooled High temperature Reactor	氟盐冷却高温堆
FPGA	Field Programmable Gate Array	现场可编程门阵列
GCT	Turbine Bypass	汽机旁路系统
GEN Ⅲ+	GEN Ⅲ+	三代加
GFR	Gas-cooled fast reactor	气冷快堆
GIF	Generation Ⅳ International Forum (nuclear reactors)	第四代国际核能论坛
GSS	Moisuture Separator Reheater	汽水分离再热器系统
HPLWR	High Performance Light Water Reactor	欧盟高性能超临界轻水堆
HPR1000	Hua-long Pressurized Reactor 1000	“华龙一号”
HTGR	High-Temperature Gas Reactor	高温气冷堆

续表

缩写	英文全称	中文全称
IAEA	International Atomic Energy Agency	国际原子能机构
INEEL	Instituto Nacional de Electricidad y Energí as Limpias	爱达荷国家工程与环境实验室
INES	International Nuclear and Radiological Event Scale	国际核事件分级
IVR	In vessel melt Retention	堆芯熔融物滞留
KAERI	Korea Atomic Energy Research Institute	韩国原子能研究所
KTH	KTH Royal Institute of Technology in Stockholm	瑞典皇家理工学院
LFR	Lead-cooled Fast Reactor	铅冷快堆
LMFBR	Liquid-Metal Fast Breeder Reactor	液态金属冷却快中子增殖堆
LRF	Large Release Frequency	放射性大量释放
LWR	Light-Water Reactor	轻水堆
LZCU	Liquid Zone Control Units	液体区域控制单元
MA	Minor Actinides	次锕系核素
MIT	Massachusetts Institute of Technology	麻省理工学院
MOX	Mixed oxide fuel	混合氧化物核燃料
MSHIM	Mechanical Shim	机械补偿
MSR	Molten Salt Reactor	熔盐堆
MSR-LF	Molten Salt Reactor-Liquid Fuel	液态燃料熔盐堆
MSR-SF	Molten Salt Reactor-Solid Fuel	固态燃料熔盐堆
NI	Nuclear Island	核岛
NRC	Nuclear Regulatory Commission	核管会
NSSS	Nuclear Steam Supply System	核蒸汽供应系统
OECD	Organization for Economic Cooperation and Development	经济合作与发展组织

续表

缩写	英文全称	中文全称
ORNL	Oak Ridge National Laboratory	橡树岭国家实验室
PCS	Primary Containment System	主安全壳系统
PWR	Pressurized Water Reactor	压水堆
RCS	Reactor Coolant System	反应堆冷却剂系统
RCV	Chemical and volume Control	化学和容积控制系统
RRA	Residual Heat Removal	余热排出系统
RRI	Component Cooling	设备冷却水系统
SAMG	Severe Accident Management Guidance	严重事故缓解导则
SBO	Station Blackout	全厂断电
SCWR	Supercritical-Water-Cooled Reactor	超临界水冷堆
SCWR-M	Mixed spectrum Supercritical-Water-Cooled Reactor	混合谱超临界水堆
SEC	Essential Service Water	重要厂用水系统
SFR	Sodium cooled Fast Reactor	钠冷快堆
SLWR	Super Light Water Reactor	超轻水反应堆
SMR	Small Modular Reactor	小型模块化反应堆
TACR	Thorium-based Advanced CANDU Reactor	钍基先进重水核能系统
TMI-2	Three Mile Island-2	三里岛核电厂二号机组
TMSR	Thorium-based Molten Salt Reactor	钍基熔盐堆核能系统
TRISO	Tristructural isotropic	石墨包覆颗粒燃料
VHTR	Very-High-Temperature Reactor	超高温堆
VVP	Main Steam System	主蒸汽系统
WANO	World Association of Nuclear Operators	世界核电运营者协会